Das Geheimnis der Pyramiden-Energie

Die Kraft die alles "SEIN" bewirkt

**Der Ursprung allen "SEINS",
sowie,
der "SINN und ZWECK"
des Erdenlebens des Menschen
ist kein Geheimnis mehr.**

L. W. Göring
H. Clausen

Originalmaniskript 1997
1.Auflage 2007
2.Auflage 2020
ISBN   978-3-7504-6006-5

Copyright © H. Clausen

Herstellung und Verlag:
BoD- Books on Demand, Norderstedt

Alle Rechte liegen bei H. Clausen

Freiheit

Hörst Du die Vögel singen
siehst Du die Blumen blüh`n
Muntere Rehlein springen
tust durch die Wälder zieh`n
hörst die Glocken läuten
hell im Abendsonnenschein
und des Tages Freuden
dringen Dir in`s Herz hinein
Dann sei Du in diesem Leben
Glücklich und Zufrieden
denn es kann nichts schöneres geben
als die Natur zu lieben

L.W. Göring

Der Inhalt

I.

Ein Wort vorab

Ein arabisches Sprichwort sagt:
"Wer das Geheimnis der Pyramide löst,
erkennt die Seele des Menschen."

Immer dann, wenn der Mensch eine Sache oder den Ablauf einer Begebenheit mit den Begriffen "geheimnisvoll", "rätselhaft", "unerklärbar" belegt, hat er die Grenzen seines Verstandes-Denkens erreicht.

Alle unerklärbaren Phänomene werden für ihn umso geheimnis-voller, je mehr er darüber nachdenkt, die Lösung des Rätsels >das ihm das unerklärbare Phänomen aufgegeben hat< zu finden.
Entweder nimmt er zu irgendeinem Zeitpunkt den Vorgang als gegeben an und sagt sich "Mein Verstand reicht nicht aus, um es zu erklären".
Oder er versucht, durch eine Theorie, die er auf den vorgegebenen Fakten aufbaut, das Rätselvolle zu begreifen.
Ein normaler Vorgang.

Wir Menschen können nur in einem Raum- und Zeitgefüge denken und brauchen, um etwas zu verstehen, die Begriffe
Anfang und Ende   Innen und Außen
Unten und Oben   Rechts und Links

Das sind Bezeichnungen und Begriffe, die unser Denken eingrenzen und im Grunde genommen nicht zu überwinden sind.
Am besten erkennen wir diesen Ablauf an der Frage
"Wo ist das Ende des Universums?"

Immer dann, wenn wir glauben, wir haben eine Antwort auf diese Frage gefunden, die wiederum nur eine Begrenzung sein kann, müssen wir erkennen, dass wir wieder am Anfang stehen.

Eine neue Frage ergibt sich und steht im Raum.
„Wie sieht es außerhalb unseres Universums aus, wenn wir unser Universum in irgendeiner Form begrenzen?"

Unser Verstandes-Denken reicht nicht aus. Es behindert uns, eine Antwort auf diese philosophische Frage zu finden.
Aber trotzdem werden wir Menschen die Frage "WER schuf das Universum, und worin liegt der Sinn und Zweck unseres Seins?"
immer wieder stellen.

Damit der Mensch nicht an dem Unerklärlichen verstandesmäßig scheitert, entwickelte er die >>Theorie<<.
Aus einer Idee, die er hinterfragt, schafft er ein Denkmodell, die Hypothese, und versucht, die vorhandenen Fakten in eine Theorie einzubinden. Inwieweit das Gedankenmodell, und die daraufhin entwickelte Theorie richtig sind, wird nie beweisbar sein, da jede Theorie auf ein vorgegebenes Gedankenmodell aufbaut. In allen wissenschaftlichen Bereichen wurde und wird, um neue Erkenntnisse zu finden, so gearbeitet.

Dadurch erleben wir, von jedem nachvollziehbar, immer wieder folgenden Ablauf.
Theorien werden entwickelt und führen auf der Grundlage des vorgegebenen Denkmodells zu neuen Erkenntnissen, die dann als letzter Stand der Wissenschaft bezeichnet werden.
Ein paar Jahre oder Jahrzehnte später, wenn eine neue Theorie zu neuen Erkenntnissen führt, die der alten Theorie widersprechen, wird die alte Theorie verworfen.

Ein Weg, der, auf lange Sicht gesehen, die Grundlage der geistigen Evolution darstellt. Ein Mensch, der behauptet, die absolute Wahrheit gefunden zu haben, kann nur ein dogmatischer Dummkopf sein. Ob etwas richtig, also der Wahrheit letzter Schluss, oder falsch ist, kann kein Mensch beurteilen.

Alle Beweisführungen, auch die, die wir als logisch bezeichnen, sind auf der Grundlage einer Idee entstanden. Sie sind Auslegungen und einfach mit einer Gegenidee schlussfolgernd zu widerlegen.

10

Das, was der Mensch als geheimnisvoll, rätselhaft und unerklärlich bezeichnet, sind Phänomene, die nur existieren, weil der Mensch noch keine Grundlage besitzt, die es ihm ermöglicht, logisch beweisführend diese Phänomene in eine Theorie einzubinden.

Im Grunde genommen gibt es nichts Geheimnisvolles, Rätselhaftes und Unerklärliches.
Alles ist erklärbar.

Die Frage ist nur: Benutzen wir das vorhandene Handwerkszeug, um zu messen und zu wägen, oder entwickeln wir neues Handwerkszeug, das uns über eine neue Theorie zu neuen Erkenntnissen führt?
Für die Menschen ist der logische Verstand ein Handwerkszeug, das er benötigt, um in seinem Raum- und Zeit-Denken geistig evolutionsmäßig weiter zu kommen.
Wichtig für den Menschen ist es, dass die Beweise so logisch sind, dass er sie zumindest mit seinem Verstand schlussfolgernd überprüfen und nachvollziehen kann.
Erst dann, wenn er das nicht kann, ordnet er in seinem Gehirn das unerklärliche Phänomen unter dem Begriff "unerklärbar" ein.
Es gibt viele unerklärlichen Phänomene, Geschehnisse und Bauwerke, die der Mensch mit seinem Verstandes-Denken nicht einordnen kann.

Eines dieser unerklärbaren Bauwerke, dessen Phänomene den Menschen seit ewigen Zeiten Rätsel aufgeben, sind die uralten Bauwerke, die wir auf allen Kontinenten der Erde finden.

Die Pyramiden

Diese Bauwerke, nehmen wir zum Beispiel die Cheops-Pyramide, deren Geheimnisse, wie man glaubt, weitgehend entschlüsselt sind, haben im Grunde genommen bis heute ihre Geheimnisse noch nicht preisgegeben.

Unsagbar viel logisch Erscheinendes sowie Unlogisches wurde in diese Bauwerke hineininterpretiert und hineingerätselt: Theorien, die von vorneherein auf reiner Phantasie aufgebaut waren, sowie andere Theorien, die man annehmen oder verwerfen kann, wurden von den Menschen aufgestellt.

Der Sinn und Zweck, warum diese Pyramiden erbaut wurden, sowie, wer sie erbaut hat und wie sie erbaut wurden, ist für den heutigen Menschen immer noch ein Rätsel.

Die Gründe, warum das so ist, sind einfach erklärbar.
Alle Forscher, die versucht haben, das Geheimnis zu entschlüsseln, sind von den Theorien ausgegangen, die andere vor ihnen aufgestellt und interpretiert haben.

Diese übernommenen Denkschemen haben bis heute verhindert, den wahren Sinn und Zweck dieser Bauwerke zu erkennen.
Wenn ein Adept, ein Seher oder Eingeweihter behauptete, dass die Pyramiden Kommunikationszentren und Einweihungsstätten sind, wurden sie meistens als Phantasten oder Spinner abqualifiziert.

In dieser Niederschrift behaupten wir nicht nur das Gleiche, was Adepten, Seher und Eingeweihte behaupten.
Im Gegenteil. Wir gehen noch wesentlich weiter.

Wir behaupten, dass die Pyramiden im Auftrag unserer Schöpfer als Kommunikations- und Einweihungszentren erbaut wurden.
Das in den Bauwerken der Pyramiden der Schlüssel enthalten ist, der uns die Entstehung der Schöpfung offenbart.
Das die geometrische Form der Pyramide die Aussage beinhaltet, dass alles Sein vom Makro- bis in den Mikro-Bereich auf der Grundlage der Form der Pyramide existiert und das die Form der Pyramide die Grundlage ist, auf der sich unser Kommunikations-system, die Sprache der physischen Menschen, aufbaut.

Das heißt, alle Zahlen und Buchstaben, die die Menschen zur Kommunikation untereinander benutzen, sind auf der Grundlage der geometrischen Form der Pyramide von unseren Schöpfern entwickelt worden, damit der physische Mensch in der Lage ist, den Weg der geistigen Evolution zu gehen.

Das diese Aussage kein Phantasieprodukt ist, sondern absolut realitätsbezogen, wollen wir in der nachfolgenden Niederschrift beweisen.

Ein Handicap, das dem Verstehen unserer Erkenntnisse ohne Widerspruch im Wege steht, ist eine Theorie, die von den Menschen, ohne sie weiter zu hinterfragen, akzeptiert wurde.
Es ist einer der Gründe, warum die Pyramiden-Forschung, die auch heute noch weltweit betrieben wird, bei der Masse der Menschen kaum noch Interesse findet. Eine Theorie, die aufgestellt wurde, hat sich so stark in ihren Köpfen festgesetzt, dass alle Erkenntnisse, die neu gewonnen werden, kaum noch Interesse erwecken.

Diese Theorie, die zum Gemeingut des Wissens der Menschen zählt, stellt die Behauptung auf, dass die Pyramiden die Grabstätten von Pharaonen oder sonstigen geistigen Führern von Menschengruppen sind.
Aufgrund dieser Theorie wird von den Menschen auch angenommen, dass diese Jahrtausende alten Bauwerke auf die Menschen unserer Zeitepoche keinen Einfluss mehr haben, und für ihr Erdenleben nicht von Bedeutung sind.
Sie wird von der Masse der Menschen als gegeben akzeptiert und nur noch von wenigen bezweifelt und hinterfragt.
Und wenn man sie hinterfragt, wird man heute z.B. von der ägyptischen Regierung geblockt. Jede weitere Erkenntnis, dass beispielsweise eine höher entwickelte Kultur vor den Pharaonen die Pyramiden erdachte und somit erbaute, würde die Kultur Ägyptens mit einem Schlag nichtig machen.

Das im nachfolgenden Geschriebene ist keine neue Theorie, sondern es sind Erkenntnisse, die eine Person auf einem bestimmten meditativen Weg aus einem Bereich erhalten hat, der von der Masse der Menschen heute noch als "unerklärbares Phänomen" bezeichnet wird.

Wir, eine Gruppe von orthodoxen Wissenschaftlern und Forschern, haben die Behauptung dieser Person experimentell überprüft und sind bei unseren Recherchen auf Beweise gestoßen, die uns so weitgehend überzeugt haben, dass wir heute wissen, dass alle Aussagen dieser Person absolut realitätsbezogen sind.

Inwieweit Sie das im nachfolgenden Geschriebene akzeptieren wollen und werden, ist Ihnen überlassen.

Wir berichten ohne Wertung, da wir für Sie nicht werten können.

Wir selbst sind heute absolut überzeugt davon, dass unsere Schöpfer existieren und dass der Sinn und Zweck des Erdenlebens der Menschen der ist, den wir im nachfolgenden schildern.

Auch wenn wir am Anfang gezweifelt haben, da die Aussage für unser wissenschaftliches Denken etwas ungewöhnlich und phantastisch erschien, so müssen wir heute zugeben, dass die Aussagen alle der Wahrheit entsprachen.

Die Erkenntnisse, die wir fanden, haben uns in Bereiche unseres Seins geführt, die mit den herkömmlichen Messmethoden nicht zu beweisen waren und sind.

Es sind die Bereiche, die die heutige Wissenschaft noch als unerklärbar bezeichnet.

Für uns sind die Erkenntnisse nicht mehr nur gefühlsmäßig richtig, sondern es sind Erkenntnisse, die absolut real sind und mit dem Verstand nachvollzogen werden können.

Wenn Sie undogmatisch und unvoreingenommen dieses Buch gelesen und die Experimente experimentell oder gedanklich nachvollzogen haben, dann liegt es an Ihnen, für sich selbst das Geschriebene zu werten.

Inwieweit Sie es als realitätsbezogen bezeichnen oder als Phantasieprodukt einstufen, ist Ihnen überlassen.

Sollten Sie das Geschriebene als Phantasieprodukt werten, so müssen Sie sich schon die Frage stellen,

"Was ist Phantasie?
Wo kommt der Reiz her,
die Idee, die diese Phantasiegebilde entstehen lassen?"

II.

Eine verrückte Story   -   Utopie ..... oder... ?

Wenn Ihnen jemand sagen würde, dass alles Sein nur in und durch ein (Ur-) Teilchen existiert, das sich selbst durch eine Gesetzmäßigkeit dynamisch in der geometrischen Form zweier auf der Spitze stehenden kubischen Pyramiden in ewiger Bewegung hält, würden Sie wahrscheinlich auch sagen,   "Der ist verrückt!"

Heute behaupten wir, nachdem wir uns in vielen Jahren durch Experimente davon überzeugt haben und durch Recherchen auf Beweise gestoßen sind, die es bestätigen, dass es so ist.
Was in unserem Universum existiert, wird durch dieses strukturierte Ur-Teilchen, bewirkt.
Alles, was wir mit den Begriffen "tote oder lebendige Materie" bezeichnen, alle Arten von Formen, die wir als naturgegeben oder vom Menschen erzeugt mit unseren 5 Sinnen wahrnehmen, einschließlich der 5 Sinne selbst, sowie des 6. Sinnes, genauso wie das, was wir mit den Begriffen "Gefühl und Verstand" bezeichnen, wird nur durch und in diesen strukturierten Ur-Teilchen bewirkt.

In den im nachfolgenden beschriebenen Experimenten und Erklärungen möchten wir versuchen, Sie soweit wie möglich in die von uns gefundenen Erkenntnisse einzuführen.
Das in diesem Buch Niedergeschriebene ist nur ein Teilbereich all der Erkenntnisse, die wir gefunden haben.
Alles in einem Buch niederzuschreiben, ist unmöglich, da es ein Buch mit zwanzigtausend Seiten werden würde. Aber wir glauben, dass die in diesem Buch niedergeschriebenen Erklärungen Sie dazu anregen werden, sich neue Gedanken über den Sinn und Zweck unseres Erdenlebens zu machen.

Da wir Menschen dazu erzogen werden, nur das als real zu akzeptieren, was wir mit unseren 5 Sinnen erfassen können, schreiben wir all das,

was wir als "unerklärlich, geheimnisvoll und mystisch" bezeichnen, einem 6. Sinn zu, den angeblich nur Einzelne besitzen.
Diese Aussage entspricht nicht den Tatsachen.
Jeder Mensch besitzt das, was man als 6. Sinn bezeichnet.
Alles, was existiert, auch das sogenannte Unerklärbare, Geheimnisvolle, Mystische, wird für Sie erklärbar sein, wenn Sie dieses Buch gelesen haben.

Das als erstes hier beschriebene Experiment, mit dem wir beginnen wollen, hatte keine sogenannte wissenschaftliche Grundlage.
Es wurde nur wegen einer verrückten Behauptung durchgeführt.

Wir, eine Gruppe von Wissenschaftlern und Forschern aus allen Bereichen der Wissenschaft, die sich zusammengefunden und in den Grenzbereichen der orthodoxen Wissenschaften experimentieren, haben von einer Person eine so verrückte Story erzählt bekommen, dass wir uns aufgrund dessen, weil sie so verrückt, aber auch irgendwie logisch war dazu entschlossen, die Aussage dieser Person experimentell zu überprüfen.

Die Quintessenz dieser verrückten Story war die Behauptung, dass alles, was wir als Materie bezeichnen, aus einer Ur-Kraft besteht, die in der geometrischen Form zweier auf der Spitze stehenden kubischen Pyramiden nach einer bestimmten Gesetzmäßigkeit wirkt und sich dadurch selbst in eine immerwährende Bewegung versetzt.
Auf einen Nenner gebracht heißt das:
Alles, was existiert, alle Atome = Elemente, aus denen die sogenannte tote und lebendige Materie besteht, einschließlich der Körper des Menschen, der Geist, unsere Gedanken, die Gefühle, der Verstand, all das soll nur existieren durch dieses, sagen wir, strukturierte Ur-Masse-Teilchen.
Also ein Ur-Stoff, der Wissenschaftler bezeichnet diese Kraft als "Bio-Plasma", "Ur-Schlamm", die alten Weisen bezeichnen es als "Chi", die eingebunden ist in eine geometrische Struktur, in deren Form eine bestimmte Gesetzmäßigkeit dieses Ur-Plasma, einmal in Bewegung gesetzt, immer in Bewegung hält.

16

Eine geometrische Form, in der dynamisch die Bewegung abläuft und deren äußere Form sich nach allen Richtungen dynamisch verändern kann.

Das dieser Ablauf bis heute wissenschaftlich noch nicht entdeckt wurde, liegt daran, dass wir diese Kraft so einstufen, das sie keine Struktur besitzt.
Auf der Grundlage ihres Denkmodells sagt die Wissenschaft:
"Die Kraft des Druckes braucht, um zu wirken, das heißt, um etwas in Bewegung zu setzen, ein Medium bzw. eine Fläche."
Die Kraft des Druckes ist also eine Größe, die für die heutige Wissenschaft nur aufgrund ihrer Wirkung erkennbar ist und wird.
Diese Ur-Masse, besser ausgedrückt, Ur-Kraft, befindet sich also in den zwei an ihren Spitze verbundenen Pyramiden wie ein "Perpetuum mobile" in ewiger Bewegung.
Die Kraft in der einen Pyramide bewirkt die Kraft in der 2. Pyramide und diese wiederum bewirkt durch die Abgabe der Kraft, die sie erhalten hat, die 1. Pyramide.
Da sie nach bestimmten Gesetzmäßigkeiten wirkt und sich selbst bewirkt, ist sie gleichzeitig Kraft und Anti-Kraft oder Materie und Anti-Materie, Energie und Anti-Energie.
Sie können sie bezeichnen, wie Sie wollen.
Das, was wir Ihnen jetzt schildern, ist, im Groben gesehen, das Geheimnis der Schöpfung und offenbart den Sinn und Zweck des Erdenlebens des physischen Menschen. Es hört sich wahnsinnig an. - Aber es ist so.

Wenn wir jetzt und in Zukunft von starren geometrischen Formen, zum Beispiel, der kubischen Pyramide oder dem Würfel, sprechen, so meinen wir:
Die starre geometrische Form ist die Bezeichnung der Form, aber der Ablauf der Kraft ist ein dynamischer, der in dieser Form abläuft und dadurch in ihr und als diese Form existiert.

Der Bewegungsablauf ist nicht veränderbar.

Die Form selbst kann in dem Moment, wo mechanischer Druck gleich Ur-Masse-Teilchen zum Beispiel auf eines der Ur-Masse-Teilchen aufprallt, ohne von den Bindungskräften angezogen zu werden, sich kurzfristig in alle möglichen Formen verändern und fällt dann wieder in ihre ursächliche Form zurück, die immer zwei auf der Spitze stehende kubische Pyramiden darstellt.

Auf die angesprochenen Bindungskräfte werden wir im nachfolgenden noch eingehen.

Damit Sie selbst erkennen, dass diese Ur-Masse-Teilchen die Ursachen allen Seins bewirken, möchten wir anhand von Experimenten, die im nachfolgenden niedergeschrieben stehen und die von Ihnen gedanklich und experimentell nachvollzogen werden können, den Weg aufzeichnen, der uns zu der Erkenntnis gebracht hat, dass dieses Ur-Masse-Teilchen die Ursache allen Seins ist.
Im Folgenden werden wir dieses Ur-Masse-Teilchen
"Myon-Neutrino" nennen.
Die Wissenschaftler der Hochenergie-Physik haben eine Hypothese aufgestellt, die theoretisch bewiesen ist.
Diese besagt, dass die Ur-Kraft aus 3 Quarks und 3 Anti-Quarks besteht.
Im Experiment wurden seit dem Jahr 1964, in dem das Quark-Modell erstellt wurde, folgende Quark-Konfigurationen gefunden und postuliert.

Mesonen   als 3-Quark - Antiquark - Konfiguration und
Baryonen   als 3-Quark - Konfiguration

Die in dieser Niederschrift von uns beschriebenen Myon-Neutrino`s besitzen genau die Zustände, die von der Hoch-Energie-Physik experimentell nachgewiesen und interpretiert werden.
Inwieweit das stimmt, wird am Ende des Buches, soweit es beweisbar ist, bewiesen sein.

Die erste Behauptung, die die Person aufstellte, besaß folgenden Inhalt.
Sie erklärte dabei: Eine Beweisführung, dass alles Sein nach diesem Energie-Prinzip abläuft, sei durch Experimente möglich.

"Jede Materie, gleich ob sogenannte tote oder lebendige Materie, eingebracht in die Mitte eines Würfels gleich welcher Größenordnung, löst sich nach einer gewissen Zeit durch ihre eigenen abgestrahlten Myon-Neutrino`s in die Bestandteile der Myon-Neutrino`s auf, aus denen sie besteht.

Tote oder lebendige Materie, in die Mitte einer Kubus-Pyramide eingebracht, löst sich nicht auf, sondern gibt, bedingt durch die geometrische Anordnung der Pyramide, nur ihre überschüssigen Myon-Neutrino`s ab.

Die als lebendig bezeichnete Materie mumifiziert, und die als tot bezeichnete Materie verdichtet sich zu einer Kristallisation."

Um Ihnen den Einstieg in den Gedankenablauf, der im Folgenden geschildert wird, zu erleichtern und Sie den Funktionsablauf genau erkennen zu lassen, möchten wir Ihnen an zwei Beispielen erklären, welche Bewegungsabläufe nach der Aussage der Person innerhalb eines Würfels sowie einer Pyramide zu den Ergebnissen führen, die wir bei unseren Experimenten gefunden haben.

Jede Molekularstruktur, gleich ob aus sogenannter toter oder lebendiger Materie, strahlt ununterbrochen aufgrund der Einstrahlungen, die sie aus ihrem Umfeld erhält, Myon-Neutrino`s ab.

Treffen die abgestrahlten Myon-Neutrino`s auf die Molekulardichte eines Stoffes, zum Beispiel einer Wand (Stahlbeton ist darum krankmachend), entsteht an der Wand ein hohes Aufkommen an Myon-Neutrino`s, was dazu führt, dass sich die ankommenden Myon-Neutrino`s stauen und nach den Seiten in die Kanten ausweichen.

Nehmen wir zum Beispiel einen Raum, der würfelförmige Maße besitzt und nach allen Seiten geschlossen ist.

Hängt man genau in die Mitte dieses Raumes eine Apfelsine = lebendige Materie, so strahlt diese Apfelsine ununterbrochen ihre Myon-Neutrino`s ab.

Der Grund der Abstrahlung ist einfach zu erklären. Die Apfelsine, die als Molekularstruktur nicht mehr angeschlossen ist an die Regelkreise des Baumes, löst sich gleich einem sterbenden Körper auf.

Die Substanzen, die durch den Auflösungsprozess abgestrahlt werden, sind keine Atome, also Elemente, sondern es sind die Myon-Neutrino`s, aus denen die Atome = Elemente bestehen.

Diese abgestrahlten Myon-Neutrino`s treffen auf die Wände und werden in alle zwölf vorhandenen Kanten abgeleitet.

Der in den Kanten entstehende starke Andrang von Myon-Neutrino`s führt dazu, dass diese Myon-Neutrino`s nunmehr versuchen, innerhalb der Kantenecken, eine Möglichkeit zu finden, sich weiter auszudehnen. Das geht jedoch nur bis zu dem Punkt, an dem die senkrechten Kanten zweier Wände und die zwei waagerechten Kanten der Decke bzw. des Bodens in der Ecke zusammentreffen.
An diesen Punkten ist nun das Aufkommen an Myon-Neutrino`s so groß und hat sich so stark multipliziert, dass die Myon-Neutrino`s aufgrund ihrer Rotation gleich einem Energiestrahl nur wieder in den Raum, das heißt genau in den Mittelpunkt, eingestrahlt werden können.

In der folgenden Grafik wurde dieser Vorgang bildhaft so dargestellt, wie er abläuft.

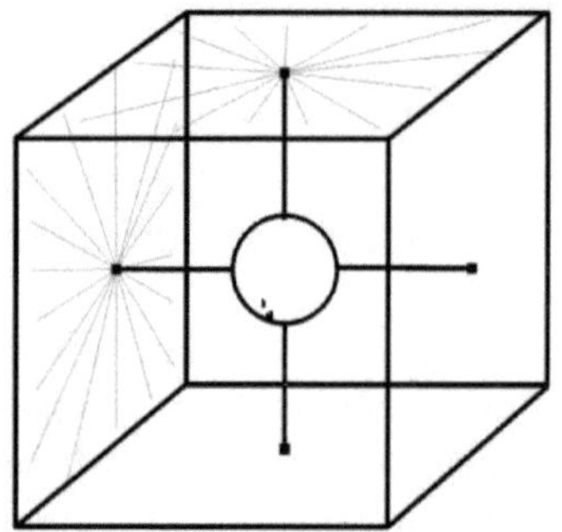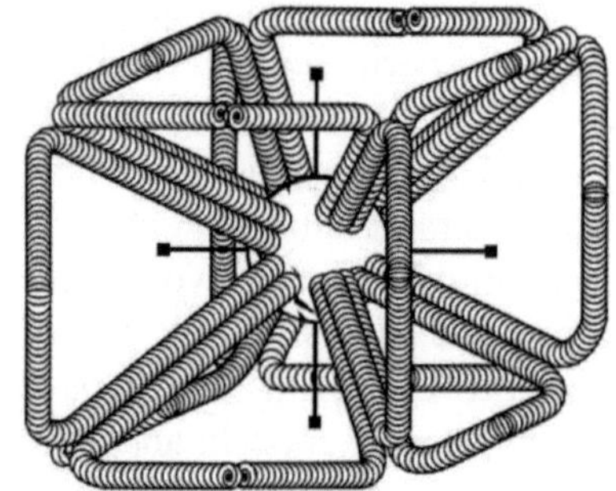

Der wie zuvor beschriebene, und in der Grafik erkennbare so multiplizierte Energiestrahl der Myon-Neutrino`s, trifft nunmehr von allen Ecken genau diagonal den Mittelpunkt des Raumes, das heißt bei unserem Beispiel die Apfelsine.
Der verdichtete und vervielfältigte Strahl der Myon-Neutrino`s, der in die Apfelsine eingestrahlt wird, bewirkt durch seinen mechanischen Druck, dass die Molekularstrukturen und Elemente wesentlich schneller aufgespalten werden, als das sonst im normalen Auflösungsprozess der Fall wäre.
Es tritt der Zustand ein, den wir im normalen Ablauf als "Fäulnisprozess" bezeichnen.
In der klassischen Physik, nach dem zurzeit gültigen Atommodell, würde das wie folgt beschrieben.

Bei diesem Vorgang werden die Elektronen der Atome und Moleküle in die nächsthöhere Schale versetzt. Dieser Vorgang bewirkt einen Singulett-Zustand bzw. eine Ionisation der Atome, der die Moleküle der Apfelsine so verändert, dass diese verfault.

Das heißt, in die Elektronenschalen wird zusätzliche Energie eingestrahlt, und die Elektronen gehen in eine höhere Schale über.
Die nunmehr von den bereits viel energiereicheren Molekularstrukturen abgestrahlten Frequenzen werden wiederum vervielfältigt zurückgestrahlt.
Nach einer gewissen Zeit wird der Druck so stark, dass sich die Molekularbindungen lösen, und die Apfelsine beginnt, wie schon gesagt, zu faulen.

An dem Raum-Beispiel können Sie die Wirkung erkennen, die die Myon-Neutrino`s, die abgestrahlt werden, erzeugen.

Dass dieser Vorgang so abläuft, davon können Sie sich gleich selbst überzeugen.

Gehen Sie in einen Raum in Ihrer Wohnung oder Arbeitsplatz und sehen Sie sich einmal die senkrechten und waagerechten Kanten des Raumes an.
Am besten erkennen Sie es, wenn der Raum vor 2 bis 3 Jahren weiß gestrichen oder hell tapeziert wurde.
Die Ecken sind durch den Bewegungsablauf der Myon-Neutrino`s in den Kanten noch genauso hell wie an dem Tag, an dem der Anstrich vorgenommen wurde.
In einer Pyramide läuft, bedingt durch ihre geometrische Form, dieser Vorgang wesentlich anders ab.
Im Grunde genommen ist die folgende Erklärung, wie dieser Vorgang in der Pyramide abläuft, die Lösung des Rätsels, die die Bauwerke der Pyramiden den Menschen bis heute aufgegeben haben.

Aber überzeugen Sie sich selbst zuerst einmal an einem Beispiel davon, dass die Pyramidenform als Raum genau das Entgegengesetzte dessen bewirkt, was wir beim recht- oder viereckigen Raum erkannt haben.

In der folgenden Grafik haben wir als Beispiel die verkleinerten Maße der Cheops-Pyramide benutzt und genau in der Höhe des unteren Drittels der Pyramide, die, vom Inhalt her gesehen, den Mittelpunkt darstellt, eine Apfelsine eingezeichnet, die ihre Myon-Neutrino`s an die Wände abstrahlt, gleich wie die Apfelsine in dem Würfel.

In der Höhe, in der sich in unserer grafischen Pyramide die Apfelsine befindet, sind in der Cheops-Pyramide die Königskammer und der Sarkophag.

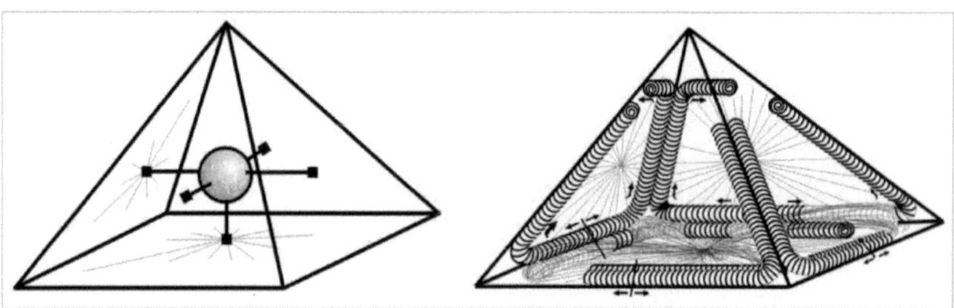

An dieser Grafik erkennen wir folgenden Ablauf:
Die Myon-Neutrino`s, die von der Apfelsine kugelförmig abgestrahlt werden, treffen auf die 4 Seitenwände und auf den Boden und werden von da jeweils in die 4 Bodenkanten und in die 4 Diagonalen eingestrahlt, gleich wie in die Kanten des Würfels in unserem 1. Beispiel.
Der Unterschied zwischen dem recht- oder viereckigen Raum und dem Pyramidenraum ist der, dass sich die waagerechten und diagonalen Kanten in der Pyramide nur viermal an einem Punkt treffen, an denen jeweils 3 Kanten zusammenstoßen und eine Ecke bilden.
Da ununterbrochen Myon-Neutrino`s von der Apfelsine abgestrahlt werden, verdichten sich die Myon-Neutrino`s in den 4 Bodenecken so stark, dass sie zu irgendeinem Zeitpunkt versuchen, nach irgendeiner Richtung auszuweichen.
Der einzige Weg, der diesen Ablauf ermöglicht, sind die 4 diagonalen Kanten, die in die Spitze führen.
Ein logisch erkennbarer Vorgang.

Die Kraft, die die Myon-Neutrino`s in den 2 Bodenkanten besitzen, ist stärker als die Kraft der Myon-Neutrino`s, die aus der diagonalen Kante in die Bodenecke drückt.

Durch den Rotationsvorgang, der durch den Bewegungsablauf entsteht, werden nunmehr die Myon-Neutrino`s der Apfelsine in die Spitze eingestrahlt und erzeugen da eine hohe Verdichtung gleich hohes Druckaufkommen.

Da weiterhin Myon-Neutrino`s von der Apfelsine abgestrahlt werden, haben die Myon-Neutrino`s nur noch eine einzige Möglichkeit: aus der Spitze der Pyramide auszustrahlen.

Bedingt durch die Rotationsbewegungen der Myon-Neutrino`s, die durch die Einstrahlung aus den 4 diagonalen Kanten entstehen, werden die Myon-Neutrino`s nunmehr spiralförmig aus der Spitze in eine imaginäre Pyramide eingestrahlt, die mit ihrer Spitze auf der Spitze der Experimentier-Pyramide stehend existiert.

Die eingestrahlten Myon-Neutrino`s, die in die imaginäre Pyramide eingestrahlt wurden, werden nunmehr nach einem bestimmten Gesetz, das im nachfolgenden noch erläutert wird, über die 4 Diagonalen in den Raum des Universums abgestrahlt.

An diesem geschilderten Vorgang erkennen Sie, dass in dem Raum der Pyramide die Apfelsine nur Myon-Neutrino`s abgibt, aber keine Myon-Neutrino`s multipliziert in die Apfelsine zurückgestrahlt werden.

Die Apfelsine verfault nicht, sondern es wird eine Art Kristallisation erzeugt.

Der genaue Vorgang wird im Laufe dieses Buches noch eingehend geschildert.

Wir Menschen bezeichnen den Zustand dieser Apfelsine, wenn sie längere Zeit in der Pyramide gelegen hat, als "mumifiziert".

Das große Rätsel, warum - diese Experimente wurden schon millionenfach von Forschern auf der ganzen Welt durchgeführt - in einer Pyramide Mumifizierungen von sogenannter lebender Materie eintreten, hat damit seine Lösung gefunden.

Für die folgenden Experimente haben wir in zwei Grafiken aufgezeichnet, wie die Gegenstände in einen Würfel sowie in eine kubische Pyramide eingebracht bzw. angebracht worden sind.

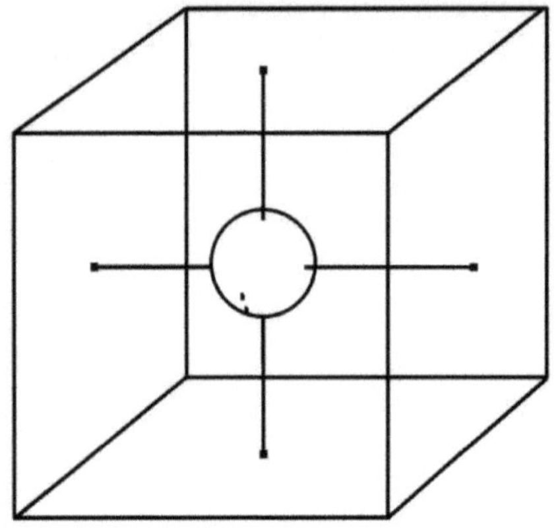

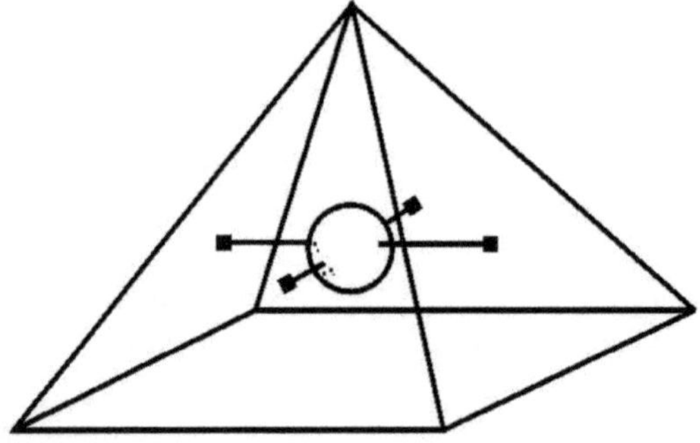

Nachdem wir eine lange Zeit über die verrückte Aussage der Person nachgedacht und diskutiert hatten, entschlossen wir uns, die vorgeschlagenen Experimente durchzuführen, um schnellstmöglich festzustellen, inwieweit diese Experimente beweisführend sind und welche Ergebnisse sie erbringen.

III.

Das ERSTE EXPERIMENT

Wir bauten aus einer Hartpappe einen hohlen Würfel mit der Größe 500 x 500 x 500 mm
Und aus dem gleichen Material bauten wir eine Pyramide mit folgenden Abmessungen:
Seitenlängen des Bodens: 460,8 mm
Höhe der Pyramiden: 230,4 mm

Um in das Innere des Würfels und der Pyramide sehen und somit den Ablauf kontrollieren zu können, versahen wir jeweils 1 Seite des Würfels und 1 Seite der Pyramide mit normalem Glas.

Auch wenn wir heute die Art verschiedener Experimente absolut ablehnen, da wir inzwischen zu weiterführenden Erkenntnissen gekommen sind, so möchten wir, um der Wahrheit die Ehre zu geben, alle im nachfolgenden beschriebenen Experimente trotzdem von Anfang bis Ende schildern.

Genau in der Mitte des Würfels hatten wir kleine aus Fäden geknüpfte Netze aufgehängt, die mit Fäden jeweils in der Mitte der Seitenwände befestigt waren, so wie wir es in der Grafik 2 und 3 dargestellt haben. In der Kubus-Pyramide wurden diese Netze wiederum genau in der Mitte in derselben Form aufgehängt und befestigt.

Den Würfel und die Pyramide hatten wir, um das Experiment durchzuführen, getrennt in 2 kleinen leeren, vollkommen weiß gestrichenen Räumen, die jeweils 1 Fenster und 1 Tür besaßen, auf Tischen so aufgestellt, dass eine Seite des Würfels sowie eine Seite der Pyramide genau nach Norden ausgerichtet waren.
Die Temperatur in diesen Räumen lag bei ca. 20 Grad C. Die Räume waren unbeheizt. Jahreszeit: Mitte Juli.

Auf die Netze in dem Würfel und der Pyramide hatten wir ca. 3-4 cm große Goldfischleichen gelegt. In einem 3. Raum gleicher Größe legten wir auf einen Porzellanteller einen gleichartigen Fisch als Vergleichsobjekt.

Nach ca. 48 Stunden stellten wir in allen 3 Räumen einen leichten verwesenden Fisch-Geruch fest.

Nach ca. 5 Tagen war der Geruch in dem Raum, in dem der Würfel stand, so stark, speziell in der Nähe des Würfels, dass wir den Raum kurz lüften mussten. Das gleiche war in dem Raum, in dem der Vergleichsfisch auf dem Porzellanteller lag. An dem Vergleichsfisch war ein starker Verwesungsvorgang festzustellen.

Gegenüber diesem Fisch aber, war der Verwesungszustand des Fisches in dem Würfel wesentlich weiter fortgeschritten. Er begann sich aufzulösen, und teilweise schimmerten schon die Gräten durch die Haut. In dem Raum mit der Pyramide war keinerlei Geruch mehr wahrnehmbar. Der Fisch in der Pyramide zeigte nur eine leichte Veränderung der Größe, das heißt man konnte einen Schrumpfungsprozess erkennen.

Am 14. Tag des Experiments war der Fisch im Würfel, penetrant riechend, stark verwest, und ca. ⅔ seines Volumens waren nicht mehr vorhanden. Der Fisch auf dem Porzellanteller war zu einer undefinierbaren Molekularstruktur auseinander gefallen und roch immer noch sehr stark.

Der Fisch in der Pyramide hatte, soweit man durch das Sichtfenster erkennen konnte, ein Aussehen, das man als vertrocknet oder mumifiziert bezeichnen kann.

Als wir am 30. Tag die geometrischen Formen öffneten, fanden wir folgendes Ergebnis:

Bei dem Fisch im Würfel hatten sich alle Weichteile aufgelöst und waren nicht mehr vorhanden.

Wenn wir sagen, aufgelöst, so heißt das, die verwesten Teile waren nicht auf den Boden gefallen, sondern sie waren einfach gar nicht mehr da.

Der Fisch bestand nur noch aus hartem Bindegewebe, d.h. bis auf die Kopfkalotte und ein paar einzelne Gräten, sowie ein paar undefinierbare harte Hautfetzen, die man irgendwie für die Reste von Flossen halten konnte, war nichts mehr zu sehen.

Der Vergleichsfisch war nur noch ein Haufen von weißer Knochensubstanz, an der man noch erkennen konnte, dass die Substanz von einem Fisch herrührte, Gräten, Kopfkalotte und Hautreste. Der Rest, sagen wir, des Fischfleisches war zu einer undefinierbaren verkrusteten Molekularstruktur geworden, die noch mit den Gräten und dem Kopf verbunden war.

Der Fisch in der Pyramide dagegen wies einen sozusagen ausgetrockneten Zustand auf. Er war fast um die Hälfte geschrumpft, mumifiziert und fasste sich wie Leder an, hatte aber sein Gesamtaussehen bis auf die Größe kaum verändert. Er war absolut mumifiziert.
Beim Abheben der Haut stellten wir fest, dass das Fleisch noch komplett vorhanden war, aber eine komplette trockene Substanz darstellte.
Irgendein Geruch war nicht mehr wahrnehmbar. Oberflächlich gesehen machte dieser Fisch auf uns, bedingt durch seine Verhärtung, den Eindruck, als ob sich die Bestandteile des Fisches, wie bei einer Kristallisation, verdichtet hätten.
Wenn wir davon ausgehen, dass durch die geometrische Form der Pyramide Myon-Neutrino`s abgezogen wurden, so können diese Myon-Neutrino`s nur Myon-Neutrino`s gewesen sein, die aus den Elementen stammen, aus dem das Wasser besteht.
Aus den Elementen (O) Sauerstoff und (H) Wasserstoff.
Die Erklärung, warum die Myon-Neutrino`s nur aus diesen Elementen stammen können, finden Sie in der Kurzfassung der Erklärung des Periodensystems der Elemente.
Nehmen wir an, es war ein Verdunstungsvorgang, wie wir es mit unseren normalen menschlichen Begriffen z.Zt. bezeichnen, dann stellt sich die Frage, warum in der Pyramide nur diese Myon-Neutrino`s abgezogen wurden.
Ein Phänomen, das bei dem Vergleichsfisch und dem Fisch im Würfel nicht der Fall war.
Denken Sie einmal darüber nach, denn die Frage ist in sich logisch.

Eine KURZE ÜBERLEGUNG

Die Grundlage, auf der dieser geschilderte Vorgang physikalisch ablief und nur so ablaufen konnte, war uns nach diesem Experiment mehr als klar geworden.

Uns wurde bewusst, dass wir uns in einen Bereich begaben, der bis heute noch von allen wissenschaftlichen Disziplinen als "okkulte Spinnerei" bezeichnet wird.

Auch war uns klar geworden, dass, wenn wir in der Lage sind, genügend Beweise zu erbringen, die unbestreitbar sind, wir davon ausgehen müssen, dass alle wissenschaftlichen Denkabläufe und daraus resultierendes Tun absolut wider der Natur sind.

Das Gespräch mit der Person hatten wir phonographisch mitgeschnitten und uns mehrmals wieder vorgespielt.

Bei einem zweiten Gespräch, nachdem wir uns dieses Grundlagenwissen der Person angeeignet hatten, waren wir in der Lage, ihr Fragen vorzulegen, die uns, vom Gesamtgeschehen her gesehen, am Anfang bei ihrer ersten Aussage nicht aufgefallen waren.

Nach diesem zweiten Gespräch, das fast 20 Stunden dauerte, wurde uns bewusst, dass, wenn wir diesen Weg weitergehen und das Gehörte nicht lieber sofort wieder vergessen, wir uns mit allen Fakultäten der Wissenschaft, einschließlich der Religion, auf Kollisionskurs befinden würden.

Man würde uns als orthodoxe Wissenschaftler bei der Verbreitung dieser Erkenntnisse sofort als Außenseiter behandeln.

Nach langen Überlegungen entschlossen wir uns, diesen Weg trotzdem zu gehen, aber, um unsere Arbeitsplätze und unsere sichere Position - wir wussten es damals nicht anders - nicht zu verlieren, keine der Erkenntnisse zu veröffentlichen.

Heute, nachdem wir den Sinn der Zusammenhänge und die Abläufe begriffen haben, sind wir dabei, die Erkenntnisse langsam, wie der Engländer sagt, "Step by Step" in die Öffentlichkeit zu bringen.

Während das erste Experiment ablief, stieß einer von uns auf eine Dokumentation, in der von einem Patent berichtet wird, das die Prager Patentbehörde 1959 ausstellte.

Ein Patent, das unter den gegebenen Voraussetzungen, die bei der Vergabe einer Patentschrift angewendet werden, gar nicht existieren dürfte.

<h1 style="text-align:center">IV.</h1>

Ein UNMÖGLICHES PATENT

Nachdem wir uns kundig gemacht hatten, stießen wir auf eine Person, die an dieser Patentgeschichte persönlich beteiligt war. Aus Gründen, die hier nicht näher erläutert werden sollen, bat uns dieser Mann, seinen Namen nicht zu veröffentlichen.
Dieser Mann erzählte uns folgende Geschichte.

Karl DRBAL, ein Elektro-Ingenieur, hatte nach dem Krieg mit anderen gemeinsam als Hobby versucht, das Geheimnis der Pyramiden zu entschlüsseln. Bei ihren Überlegungen und Versuchen waren sie auf eine eigenartige Erscheinungsform, die innerhalb der Pyramide abläuft, gestoßen. In der Literatur, die sie durcharbeiteten, fanden sie immer wieder den Hinweis, dass z.B. in der Königskammer der CHEOPS-Pyramide mumifizierte Kleintiere, Käfer, Spinnen usw., gefunden wurden, deren Mumifizierungen sich niemand erklären konnte.

Aufgrund dieser Literaturhinweise stellten sie sich die Frage, welche Energieform in der Pyramide wirken könnte, die diese Mumifizierungen verursacht.
Da sie als Radio-Ingenieure und -Mechaniker mit den physikalischen Gesetzen vertraut waren und die bekannten Energieformen sowie deren Entstehung kannten, überprüften sie diese und stellten fest, dass keine der bekannten Energien dieses Phänomen erzeugen konnte.
Während ihrer Versuche und Experimente waren sie auf etwas gestoßen, was sie immer mehr reizte, hinter das Geheimnis der Energie der Pyramiden zu kommen.
Nachdem sie die Experimente mit Käfern und anderen Kleintieren abgeschlossen hatten, versuchten sie herauszufinden, inwieweit diese Energie auf Metalle wirkt.
In einem der Versuche benutzten sie gebrauchte Rasierklingen aus hochwertigem Stahl, die sie in einer noch zu beschreibenden Anordnung in die Pyramide einlegten.

29

Als sie nach mehreren Tagen diese gebrauchten stumpfen Rasierklingen
aus der Pyramide holten, stellten sie fest, dass die Rasierklingen genau
so scharf waren wie ungebrauchte neue Rasierklingen.
Im Gegenteil, im Verlauf der Experimente bemerkten sie, dass, je
hochwertiger der Stahl war, die gebrauchten Rasierklingen umso
schärfer wurden, sogar schärfer, als die neuen Rasierklingen geschliffen
waren.
Seit dieser Zeit benutzten alle, die an diesem Experiment teilgenommen
hatten, kleine Papp-Pyramiden für die Schärfung ihrer eigenen
Rasierklingen.
Nach diesem Verfahren konnten mit einer Klinge mehr als 100 Rasuren
durchgeführt werden.

1949 kamen sie, mehr aus Spaß, um einmal zu überprüfen, wie ein
Patentprüfer sich diesem Phänomen gegenüber verhalten würde, auf die
Idee, dieses Rasierklingen-Phänomen als "Pharaonischen
Rasierapparat" patentieren zu lassen.
Der Titel der Patentanmeldung lautete "Vorrichtung zur Schärfung von
Rasierklingen und Rasiermessern".

Die Prüfer vom Patentamt reagierten wie vorauszusehen.
Ein Patent kann nur dann erteilt werden, wenn
      a)   es eine absolute Neuheit ist,
      b)   der Nachweis erbracht werden kann, dass die
Funktionsweise nach bekannten physikalischen Gesetzen, die
dem Stand der Wissenschaft entsprechen, abläuft und von
jedem nachvollziehbar ist.
Allein der Beweis, dass es funktioniert, reicht für die
Patentvergabe nicht aus.

10 Jahre lang dauerte die außergewöhnliche Patentbearbeitung. Jedes
andere Patent, das erteilt wird, hat eine maximale Bearbeitungszeit von
2 bis 3 Jahren.

Während dieser 10 Jahre versuchte DRBAL, den Beweis anzutreten,
dass bestimmte Strahlungen diesen Schärfungsprozess auslösen, und
zwar, seiner Hypothese nach, eine Energiebildung im Resonanzraum
des Pyramidenmodells, bei der kosmische Mikrowellen aus dem

30

Kosmos, speziell von der Sonne, unter der Mitwirkung eines konzentrierten Erdmagnetfeldes eine Rolle spielen.

Mit dieser Hypothese gelang es ihm, die Patentprüfer davon zu überzeugen, dass der Pharao CHEOPS mit seinem zum Patent angemeldeten Rasierklingenschärfer nichts zu tun hatte.
Da einer der Prüfer von DRBAL ein Modell zum Eigengebrauch erhalten hatte, das er die ganzen Jahre über zur vollsten Zufriedenheit benutzte, gelang es DRBAL gemeinsam mit diesem Prüfer, die Prüfungskommission davon zu überzeugen, dass die ganze Sache weder eine Mystifikation noch unsinnig war.
1959 wurde dieses seltsame Patent erteilt und erhielt die Patent-Nummer 91304.

Wie uns die Person, die uns diese Information vermittelte, sagte, weiß DRBAL selbst, dass seine Hypothese nicht auf festem Boden steht und das, aller Wahrscheinlichkeit nach, eine Energie wirkt, die bis heute von der Wissenschaft mit den vorhandenen Möglichkeiten nicht nachgewiesen werden kann.
Die Erklärung, welche Energie tatsächlich wirkt, finden Sie im folgenden Kapitel.
Auf alle Fälle können wir Ihnen jetzt schon sagen, dass die Funktionsweise der Rasierklingenschärfung in der geometrischen Form der Pyramide nichts Magisches an sich hat.

Nachdem wir von diesem außergewöhnlichen Patent erfahren hatten, begannen wir, auf dem gleichen Wege wie bei unserem ersten Experiment selbst mit Rasierklingen zu experimentieren.

Wir bauten 5 kleine Würfel mit den Abmessungen 150 x 150 x 150 mm, sowie 5 kleine Pyramiden mit einer Grundflächen-Seitenlänge von 150 mm und einer Höhe von 75 mm.

In jeden Würfel sowie in jede Pyramide, die mit einer Seite jeweils genau nach Norden ausgerichtet waren, gleich dem Erdmagnetfeld (Auch bei unserem ersten Experiment waren der Würfel und die Pyramide genau nach Norden ausgerichtet. Warum das so sein muss, werden wir erklären, wenn wir die Lösung des Rätsels der Pyramiden-

Energie offen legen), befestigten wir mit Fäden, die jeweils zum Mittelpunkt der Seiten führten, genau in der Mitte aller Würfel und aller Pyramiden gebrauchte Rasierklingen, mit denen je 5 Rasuren ausgeführt worden waren.

Nach 5 Tagen entnahmen wir dem 1. Würfel und der 1. Pyramide die Rasierklingen und überprüften sie auf ihre Schärfe.
Die Rasierklinge aus der Pyramide hatte fast die Schärfe einer neuen Rasierklinge wiedererlangt, die Rasierklinge aus dem Würfel hatte sich dagegen, soweit wir es feststellen konnten, nicht verändert; sie erschien uns noch genauso stumpf wie vorher.

Den gleichen Vorgang wiederholten wir nach 7 Tagen. Die Rasierklinge aus der 2. Pyramide war unserer Ansicht nach genau so scharf wie eine Neue.
Da wir die Schärfe nicht unter einem Mikroskop überprüften, konnten wir eine weitere Verbesserung nicht feststellen.
Bei der Rasierklinge aus dem 2. Würfel ergab sich folgender Befund:
Die Rasierklinge war nach diesen 7 Tagen nicht nur noch stumpfer geworden, sondern sie wies an der Schneidefläche winzige kaum sichtbare Aussparungen auf, also eine Auflösung der kristallinen Metallstruktur.

Das Ergebnis bei den Rasierklingen aus dem 3. Würfel und der 3. Pyramide weitere 2 Tage später war eine kaum wahrnehmbare Steigerung der Befunde, die wir nach 7 Tagen vorgefunden hatten.
Bei den Rasierklingen, die wir wiederum 2 Tage später dem 4. Würfel und der 4. Pyramide entnahmen, stellten wir eine starke Steigerung des Schnittverhaltens der Rasierklinge aus der Pyramide fest.
Bei der Anwendung dieser Rasierklinge beim Rasieren bzw. schon beim Einlegen in den Rasierapparat fühlte sie sich irgendwie dahingehend verändert an, als wenn sich die Strukturen des Metalls verhärtet hätten.

Beim Rasieren war ein anderes Schnittempfinden wahrnehmbar.
Die Rasierklinge aus dem Würfel dagegen war wesentlich stumpfer geworden und nicht mehr zum Rasieren geeignet. Auch Versuche, Papier zu zerschneiden schlugen fehl.

Auf der Oberfläche der Rasierklinge waren kleine Unebenheiten zu fühlen, als wenn ein Oxydations- bzw. ein Auflösungsvorgang abgelaufen wäre.

Die letzten Rasierklingen, die wir nach weiteren 2 Tagen aus der 5. Pyramide und dem 5. Würfel nahmen, hatten von der Schärfe her den gleichen Zustand wie die Rasierklingen aus der 4. Pyramide und dem 4. Würfel.
Bei der Rasierklinge aus dem Würfel war lediglich der Oxydationsvorgang weiter fortgeschritten.
Die Rasierklinge aus der Pyramide war, insbesondere von der Oberfläche des Stahls her gesehen, nicht mehr so biegsam wie eine neue Rasierklinge frisch aus der Verpackung.
Nachdem wir diese Experimente über einen längeren Zeitraum durchgeführt hatten, kamen wir zu folgenden Ergebnissen:
Rasierklingen, die z.B. 3 Monate in einer Pyramide belassen wurden, hatten eine Schärfe, die mit keiner Maschine erzeugt werden kann.
Der Nachteil, der eintritt, ist der, dass das Metall seine Flexibilität verliert.
Die Klinge kann nur noch geringfügig gebogen werden. Versucht man, diese Klinge soweit zwischen zwei Fingern zusammenzudrücken, wie man es mit einer neuen unbenutzten kann, bricht diese Rasierklinge mit einem hohen singenden Ton schon nach ein paar Biegungsgraden.

Lässt man eine Klinge 3 Monate, länger haben wir diese Experimente nicht durchgeführt, in der beschriebenen Anordnung im Würfel, stellt man folgendes Phänomen fest:
Bei der Rasierklinge ist fast die gesamte Schneidefläche verschwunden.
Die Klinge selbst zeigt an ihrer Oberfläche starke Oxydationen, die, wenn man näher hinsieht, wie Löcher wirken.
Des Weiteren zeigt das Metall starke Ermüdungserscheinungen, d.h. das Material hat seine Härte eingebüßt.

Vergleichsklingen, die außerhalb der geometrischen Gebilde Würfel und Pyramide über die gleiche Zeit offen und in der Verpackung gelagert wurden, hatten sich nach 3 Monaten nicht im Geringsten verändert.

Nach Abschluss dieser Experimentreihe konnten wir in allen Punkten die in vielen Büchern und Fachzeitschriften beschriebenen Schärfungen von Rasierklingen in Pyramiden voll und ganz bestätigen.
Für uns selbst führte es zu der Erkenntnis, dass nur durch die von dem jungen Mann beschriebene Gesetzmäßigkeit der Vorgang des Schärfens, in der Pyramide sowie die Auflösung im Kubus des Würfels, bewirkt werden kann.

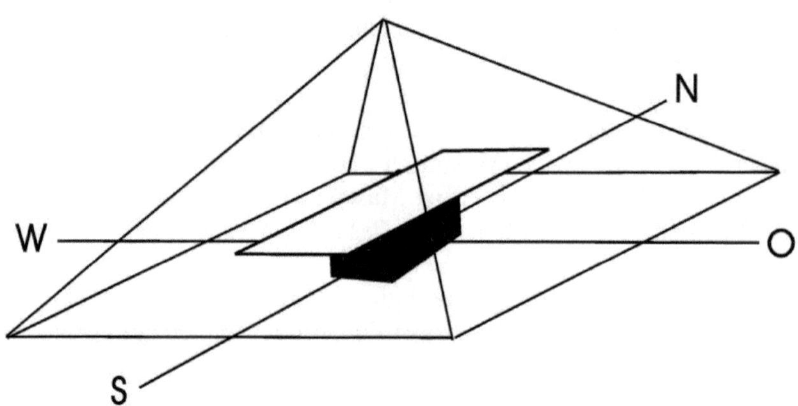

V.

Laufende EXPERIMENTE

Parallellaufend zu den Rasierklingen-Experimenten hatten wir Experimente mit sogenannten Lebens- und Nahrungsmitteln durchgeführt, die zu folgenden Ergebnissen führten:
Alle Experimente hatten immer die gleiche Anordnung.
Von einem Materialstamm wurde ein Teil in der Mitte einer Pyramide aufgehängt, ein Teil in der Mitte eines Würfels und ein Teil in der jeweiligen Verpackung belassen, in der man normale in jedem Geschäft erhältliche Lebens- und Nahrungsmittel einkauft.

Experimente mit Frischfleisch, egal ob Schwein, Rind, Geflügel oder Fisch, liefen folgendermaßen ab und brachten nachstehende Ergebnisse:

Das Fleisch in den Würfeln löste sich, die Zeiten waren jeweils verschieden, komplett auf, sodass keinerlei Reste aufzufinden waren.
Das Fleisch in den Pyramiden trocknete ohne jegliche Verwesungserscheinungen vollkommen aus.
Die Molekularstruktur veränderte sich dahingehend, dass sie auf circa $\frac{1}{3}$ zusammenschrumpfte.
Alle Fleischsorten aus den Pyramiden waren noch voll genießbar, im Gegenteil, der Geschmack hatte sich sehr stark verfeinert.
Ließ man das Fleisch längere Zeit in der Pyramide, veränderte sich zwar die Größe, jedoch behielt das Fleisch sein Gewicht. Den Zustand des Fleisches selbst kann man als mumifiziert bezeichnen.
Genießbar war alles Fleisch, egal wie lange es in der Pyramide aufbewahrt wurde.
Das Fleisch, das außerhalb der geometrischen Gebilde, also Würfel und Pyramide, gelagert wurde, verweste mit starken Geruchserscheinungen.
Der Zeitraum der Auflösung bis zum vollständigen Verschwinden war doppelt so lang wie in den Würfeln.

Die Experimente, die wir mit frischen Früchten durchführten, erbrachten alle das gleiche Ergebnis.

Für die Experimente mit Lebens- und Nahrungsmitteln hatten wir, wie bei den vorab beschriebenen Experimenten mit Fleisch, die Größenordnung der Würfel und Pyramiden verändert.
Die Würfel hatten Abmessungen von 1000 x 1000 x 1000 mm. Die Pyramiden hatten die Maße von 1000 mm (Grundflächen-Seitenlänge) und 500 mm Höhe.
Die eingebrachten Materialien wurden mit Fäden, die in der Mitte der Seitenflächen befestigt waren, genau in der Mitte der Würfel und Pyramiden gehalten.

Gleich ob wir Apfelsinen, Weintrauben, Äpfel, Birnen, Bananen oder sonstige Südfrüchte einbrachten, das Ergebnis war immer, nehmen wir als Beispiel eine Apfelsine, wie folgt:
Die Apfelsine, die wir außerhalb der geometrischen Gebilde Würfel und Pyramide normal aufbewahrten, wurde, nachdem sie den absoluten Reifungsgrad erreicht hatte, langsam fleckig.
Nach circa durchschnittlich 7 Tagen zeigten sich die ersten Verwesungserscheinungen.

In den Langzeit-Experimenten, die immer über 3 Monate liefen, waren von dieser Apfelsine nur noch Restbestandteile vorhanden, deren Molekularstruktur nicht mehr definierbar war, d.h. sie hatte mit der Apfelsine nichts mehr zu tun.
Die Apfelsine, die sich in dem Würfel befand, zeigte schon nach 3 Tagen starke Veränderungen und war nach ca. 14 Tagen in einen Verwesungszustand übergegangen, sodass wir uns genötigt sahen, da sie aus der Halterung brach, eine zusätzliche Fläche in den Würfel einzubauen, auf der die Apfelsine liegen konnte.
Bei dieser Gelegenheit stellten wir gleichzeitig fest, dass sich das Volumen der Apfelsine leicht ausgedehnt hatte.
Im nächsten Langzeit-Experiment änderten wir die Aufhängung dahingehend ab, dass wir die Apfelsine in einem feinmaschigen Netz einbrachten.
Bei beiden Experimenten hatte sich die Molekularstruktur der Apfelsinen nach 3 Monaten komplett aufgelöst, und es befanden sich nur noch verschwindend geringe Reste in der netzartigen Halterung.

Im Gegensatz dazu hatte sich die Apfelsine in der Pyramide um circa ⅔ verkleinert.

Die Schale hatte ihre orange-gelbe Farbe praktisch nicht verloren, sie ließ lediglich einen starken Schrumpfungsvorgang erkennen. Nachdem wir die Apfelsine aufgebrochen hatten, die Schale war stark kristallisiert, also stark verhärtet, und brach fast wie eine Nussschale auf, stellten wir fest, dass das Fleisch selbst nicht nur noch absolut genießbar war, sondern sich im Gegenteil der Fruchtzuckergehalt, vom Geschmack, nicht von einer chemischen Analyse her gesehen, so stark verändert hatte, dass jeder, der einen Teil dieser Apfelsine kostete, sagte: "So müsste die Apfelsine am Baum wachsen!" Der Geschmack hatte sich unaussprechlich verfeinert.

Egal welche Früchte wir nach dem Experiment aus der Pyramide nahmen, alle wiesen mehr oder weniger eine Verfeinerung des Geschmacks auf, und alle Früchte waren voll genießbar.

Bei einem Experiment, bei dem wir größere Mengen von Weintrauben in eine Groß-Pyramide mit den Maßen 3000 mm Grundflächen-Seitenlänge und 1500 mm Höhe einbrachten, lief folgender Vorgang ab:

Die Weintrauben selbst waren von Haus aus sehr sauer.

Nach 3 Monaten hatten die Weintrauben sich, benutzen wir ruhig den Ausdruck, mumifiziert, und sie waren nur noch geringfügig größer als Rosinen. Jedoch im Gegensatz zu Rosinen, denen ein Feinschmecker eine überspitzte Süße zuspricht, besaßen diese mumifizierten Weintrauben einen so wunderbaren verfeinerten Geschmack bzw. eine solche Süße, dass sie jedem Feinschmecker-Lokal zur Ehre gereicht hätten.

All die Menschen, die diese Weintrauben gekostet hatten, sagten, sie hätten noch nie etwas von so pikantem Geschmack gegessen.

Frisch gepflückte Blumen zeigten nach Ablauf eines Langzeit-Experiments die gleichen Merkmale wie Obst, Gemüse und andere frische Lebensmittel.

Das Verblüffende an den Experimenten mit Frischblumen war, dass alle Blumen fast ihre Farbe behielten. Teilweise nahmen sie sogar eine als tiefer zu bezeichnende Farbe an.

Zum Beispiel hatte eine Baccara-Rose, die wir nach 3 Monaten aus der Pyramide nahmen, nicht nur ihre tiefrote Farbe komplett erhalten, sie wirkte auch wie eine aus Samt gefertigte Blume.
Beim Anfassen stellten wir fest, dass ihre Blätter noch vollständig stabil mit dem Stängel verhaftet waren. Der Mumifizierungsvorgang war eigentlich nur am Stiel selbst deutlich zu erkennen.

Die für uns verblüffendsten Experimente in diesem Stadium waren diejenigen, die wir mit Flüssigkeiten durchführten.
In einer Experiment-Reihe hatten wir einen einfachen spottbilligen Tafelwein, der einen stark säuerlichen Geschmack aufwies, nach dem gleichen Ablauf in den Würfel und in die Pyramide eingebracht sowie eine Vergleichs-Flasche außerhalb dieser geometrischen Gebilde liegend gelagert.

Der Vergleich nach 3 Monaten ergab folgendes Ergebnis:
Der Wein in der Vergleichs-Flasche hatte seinen Geschmack in keiner Form geändert. Den Nachweis, dass keine Veränderung eingetreten war, hatten wir dadurch erbracht, dass wir den Wein aus dieser Vergleichs-Flasche mit dem einer Flasche, die normal im Keller gelagert war, verglichen.
Der Wein aus der Flasche, die wir 3 Monate lang im Würfel genau in der Mitte aufgehängt hatten, war umgekippt, d.h. er war nicht nur sauer, sondern einfach schlecht und hatte einen sehr starken bitteren Geschmack.
Der Wein aus der Pyramide war dagegen eine absolute Überraschung.
Bei einem Test mit Freunden stellten wir eine Flasche aus dem Keller und eine Flasche aus der Pyramide auf den Tisch. Beide trugen, da sie aus einer Kellerei und von einer Ernte stammten, gleiche Etiketten.
Das erste Glas schenkten wir aus der Flasche aus, die aus der Pyramide stammte.

Auf unsere Frage, wie der Wein schmecke, bekamen wir von allen solche Aussagen wie "mundig - gute Blume - geschmacklich sehr gut - eine tiefe blumige Süße usw.".
Kurz gesagt: Der Wein hatte ihnen gut gemundet.

Als wir den Wein aus der zweiten Flasche, die im Keller, also 3 Monate ohne den Einfluss der Pyramide gelagert worden war, einschenkten - die Anwesenden nahmen an, dass es sich um den gleichen Wein handelte -, kam es nach dem ersten Schluck zu folgenden Reaktionen:
Alle, die auf "Prost" das Glas gehoben hatten, verzogen säuerlich das Gesicht. Einer der Anwesenden griff mit den Worten "Das ist aber ein anderer Wein!" nach der Flasche. Beim Vergleich beider Flaschen waren alle der Meinung, da sie feststellten, dass es der gleiche Wein war, der Wein aus der zweiten Flasche sei nicht in Ordnung.

Die Aufklärung, die wir den vollständig unbedarften Anwesenden dadurch gaben, dass wir ihnen erklärten, der erste Wein hätte 3 Monate in einer Pyramide gestanden und daher seinen Geschmack so unwahrscheinlich geändert, wurde zwar nach außen hin akzeptiert, doch die Skepsis, da dieser Vorgang für sie nicht erklärbar war, konnte man von ihren Gesichtern einwandfrei ablesen.
Keiner der Anwesenden nahm diese Erklärung als wahr an.

Das nächste Experiment, das wir mit Flüssigkeiten begannen, war ein langwieriges nervenraubendes Experiment mit Wasser.
"Wasser ist Wasser!" sagt man.
Setzt man eine Substanz wie z.B. Chlor zu, so kann man das schmecken, genauso wie Leitungswasser, das einen eigenartigen Geschmack aufweist.

Bei frischem Wasser aus einer Quelle sagt das Geschmacksempfinden einem klar, dass es gutes Wasser ist. Hinterfragt man den Ausspruch "gutes Wasser", hört man "Das ist frisch - gut trinkbar" eventuell auch "Das ist gesundes Wasser!"
Hat man einen Intelligenten oder einen Akademiker vor sich, dann erfährt man womöglich noch, dass Wasser aus (H_2O) besteht. Liegt der Intelligenzgrad etwas höher, kommt vielleicht der Ausspruch "Selbstverständlich ist dieses Wasser noch sehr mineralhaltig".
Dieses Wissen stammt nicht aus Erkenntnissen, die man aus dem Fachbereich Physik, Biologie oder Chemie gewonnen hat, sondern meist von der Aufschrift auf Mineralwasserflaschen.
"Wasser ist noch lange nicht Wasser" könnte man nach dem Erkennen des Vorhergesagten sagen.

Überzeugen wir uns weiter davon, dass Wasser noch lange nicht Wasser ist.

Die zwei Elemente, aus denen reines Wasser besteht, (H) Wasserstoff und (O) Sauerstoff, sind die Elemente, die in fast 99 Prozent aller Moleküle vorhanden sind, die wir als Stoff bzw. als Materie bezeichnen und die für uns in den vielen verschiedensten Formen sichtbar ist.

Man kann sogar sagen, ohne die Elemente (H) Wasserstoff und (O) Sauerstoff wäre alles Sein, das wir wahrnehmen und selbst verkörpern, in der Form, wie wir es wahrnehmen, undenkbar und nicht möglich.

(H) Wasserstoff und (O) Sauerstoff sind die Ur-Elemente, durch die sich speziell die lebendige Materie aufbaut.
Wenn der Mensch als Molekular-Gebilde, bestehend aus den 6 Molekülen (H) Wasserstoff, (O) Sauerstoff, (C) Kohlenstoff, (N) Stickstoff, (P) Phosphor und (S) Schwefel, deren chemische Zeichen, willkürlich zusammengesetzt, das Wort "SCHNOP" ergeben (alle anderen Elemente, die in dem Molekular-Gebilde Mensch noch mitwirken, sind Ionen, und als "Ionen" bezeichnet man Atome, bei denen ein Elektron zu viel oder zu wenig vorhanden ist), sich nicht die Ur-Elemente (H) Wasserstoff und (O) Sauerstoff in der Verbindung Wasser (H_2O) zuführt, dann vertrocknet er.

Die Gretchen-Frage hierbei ist:
"Was vertrocknet, wenn wir davon ausgehen, dass der Mensch nur aus Energie = Atomen und Molekülen besteht? Warum verlöscht das, was wir Menschen als Leben bezeichnen, wenn wir unseren Körper nicht mit dem, was wir als Wasser bezeichnen, versorgen?"

Über diese Thematik müsste man, um sie Ihnen wirklich komplett erklärend nahe zu bringen, ein Buch mit mehreren 1000 Seiten schreiben.
Benutzen wir jedoch die Erkenntnisse, auf deren Grundlage dieses Buch, das Sie gerade lesen, aufgebaut ist, gibt es eine einfache Erklärung.
Diese Erklärung finden Sie niedergeschrieben im letzten Kapitel.

Eines können wir vorab auf alle Fälle erkennen: Wasser ist noch lange nicht Wasser.

Stellen wir uns eine andere Frage und benutzen dazu das Ergebnis eines durchgeführten Experiments, finden wir wieder ein Rätsel, das uns das Wasser aufgibt.
Wir nehmen Flaschen aus einfachem durchsichtigen weißen Glas und füllen 2 davon mit absolut reinem Wasser, d.h. mit "H_2O".
Zwei Flaschen füllen wir mit Wasser aus einer Bergquelle und zwei weitere Flaschen mit Leitungswasser.
Je eine Flasche dieser drei verschiedenen Füllungen stellen wir geöffnet und je eine Flasche als zweite Gruppe geschlossen an einen Platz, an denen sie den Sonnenstrahlen ausgesetzt sind.
Das Ergebnis nach 14 Tagen ist, wenn man sechs weitere Flaschen gleichen Inhalts, teils geschlossen und teils geöffnet, in einem dunklen Kellerraum kühl gelagert zum Vergleich heranzieht, dass sich der Geruch und der Geschmack des Wassers in allen Flaschen verändert hat.
Das stellen Sie als Laie fest, ohne jegliche Analyse, allein mit Ihren Sinnen.
Bleiben wir dabei, denn wenn wir Ihnen das Ergebnis der chemischen Analyse mitteilen würden, wüssten Sie als Laie sowieso nichts damit anzufangen, und es wäre für Sie auch wieder nur eine Grundlage, die die Chemie als Theorie entwickelt hat, also die Auslegung einer Gegebenheit nach vorgegebenen Kriterien.

Aber was ist passiert mit diesem Wasser? Es hat seinen Geschmack verändert, und zwar in allen sechs Flaschen.
War es die Einwirkung der Sonnenstrahlen?
Waren es bei den geöffneten Flaschen Atome und Moleküle von anderen Elementen?
Es war beides.
Bei den offenen Flaschen sind (C) Kohlenstoff, (N) Stickstoff und andere Elemente, die sich gasförmig in der Luft befinden, in das Wasser gefallen und haben neue Molekularverbindungen erzeugt.
Die Sonnenstrahlen, die hoch energiereich sind, haben neue Verbindungen hergestellt, die den Geschmack des Wassers veränderten.
Bei den geschlossenen Flaschen trifft dies jedoch nicht zu.

Was für ein Vorgang könnte hier abgelaufen sein?

Bei dem Leitungswasser sowie bei dem Quellwasser wissen wir, dass andere Elemente atomar und molekularmäßig sowie als Ionen in der Flüssigkeit Wasser vorhanden sind. Bei diesen 2 Flaschen haben die hohen Schwingungsfrequenzen, = Energie der Sonnenstrahlen, Molekularverbindungen geschaffen, durch die das Wasser sich, wieder für uns geschmacklich bemerkbar, verändert hat.

Aber was ist mit den Flaschen, in die reines (H_2O) eingefüllt war, passiert, wenn auch dieses Wasser, das absolut geschmacklos ist, bei dem man nur, wenn es kühl gelagert wird, die Kühle empfindet, auf einmal seinen Geschmack verändert hat?

Dass es so ist, davon haben wir uns in vielen Experimenten überzeugt, gleich ob wir dieses Wasser in die Sonne stellten oder ihm auf eine andere Art Energie zuführten (Kochen, Wasserbad usw.).

Wie kann sich der Geschmack verändern? Im Grunde genommen eine einfache Sache.

Durch die Einstrahlung der Myon-Neutrino`s, die die Sonne abstrahlt und die durch das Glas in das Wasser eingedrungen sind, wurden subatomare Teilchen erzeugt, die den Geschmack des Wassers veränderten.

Inwieweit die Myon-Neutrino`s subatomare Teilchen aus dem Glas der Flasche herausgeschlagen und in der Molekularstruktur des Wassers neue Verbindungen aufgebaut haben, wissen wir nicht.

Dass das der Fall sein kann und eigentlich auch sein müsste, ist mehr als wahrscheinlich.

Akzeptieren wir einfach einmal ohne Wertung die Erkenntnis, dass alles Sein nur durch die Myon-Neutrino`s, in denen die Ur-Kraft wirkt, bewirkt wird, so finden wir eine Erklärung, die einfach, logisch, schlüssig und nachvollziehbar ist.

Die Energie-Quanten der Sonnenstrahlen, die in das Wasser eingestrahlt werden, bestehen in ihrer Ur-Substanz aus nichts anderem als aus Myon-Neutrino`s.

Das Wasser in der Flasche bestand vor der Sonneneinwirkung aus Verbindungen von Myon-Neutrino`s, aus denen die Atome des (H) Wasserstoffs und (O) Sauerstoffs nach vorgegebenen gesetzmäßigen Abläufen erzeugt wurden. Die Hohlräume, die zwischen den Atomen und Molekülen bestehen und voll von nicht in Elemente gebundene

Myon-Neutrino`s sind, nehmen die Myon-Neutrino`s der Sonne auf sowie die Myon-Neutrino`s, die von anderen Formen und Gegenständen abgestrahlt werden, und bilden neue subatomare Teilchen.

Dieser Vorgang führt dazu, dass das Wasser, benutzen wir einfach die heute gebräuchlichen Ausdrücke, energiereicher, druckreicher geworden ist und andere Frequenzen aufweist als vor der Sonneneinstrahlung bzw. vor der Einstrahlung anderer Myon-Neutrino`s.

Die Energie-Quanten der Sonne erzeugen keine speziellen uns bekannten Elemente, also Atome, sondern subatomare Teilchen, die in ihrer Größenordnung zu denen zählen, die heute von der Hoch-Energie-Physik in Versuchen nachgewiesen werden. Zum Beispiel Leptonen, Positronen usw.

Das ganze Geheimnis des veränderten Geschmacks ist also nichts weiter als eine Veränderung der Gesamt-Frequenz des Wassers, also eine Veränderung der Bindungen der Myon-Neutrino`s.

Experimente mit Wasser gleicher Art, wie in der Flasche ausgeführt, zeigten im Würfel das gleiche Resultat, als wenn das Wasser täglich 8 Stunden Sonnenbestrahlung ausgesetzt gewesen wäre.

Das Wasser, das wir, wie schon beschrieben, 14 Tage in der Pyramide beließen, kann man als absolut gereinigtes Wasser bezeichnen.

Die in dem Wasser vorhandenen Moleküle, Atome und Ionen, die jeweils eine in sich geschlossene Energie-Einheit darstellen, also ein geschlossenes System, wurden frequenzmäßig dadurch gereinigt, dass alle überschüssigen Myon-Neutrino`s, die zusätzlich durch die Umwelt in das Medium Wasser eingestrahlt worden waren, nach den gesetzmäßigen Abläufen, die in der Pyramide herrschen, abgestrahlt und entfernt wurden.

Übrig blieb das reine Medium Wasser mit seinen Verbindungen, wie sie in ursächlichem Zustand in der Natur zu finden waren.

Alles Überschüssige ist auf diesem Wege dem Wasser entzogen worden.

Experimente, die wir mit diesem Wasser an uns selbst sowie in unseren Praxen und Kliniken an Patienten durchführten, brachten sensationelle Ergebnisse, angefangen bei der Desinfizierung von Wunden, bei Bädern zur Behandlung von Gelenkschäden, zur Schmerzstillung, bei

Entzündungen des Magen-Darm-Traktes, bei Blasenentzündungen und vielem mehr.

Kurz: In allen Bereichen, in denen wir das Pyramiden-Wasser einsetzten, waren Erfolge zu verzeichnen, die mit dem normalen Verstand nicht zu begreifen waren und sämtlichen bisherigen wissenschaftlichen Erkenntnissen widersprachen.

Allein die Veränderung des Geschmacks von normalem Leitungswasser wirkte auf jeden Fremden, der dieses Wasser trank, verblüffend.

Die Erkenntnisse, die wir in den 3 Jahren, in denen wir mit Wasser experimentierten, gefunden haben, waren alle auf irgendeine Art für uns sensationell. Würden wir sie alle niederschreiben, würden sie Bücher füllen.

Sollten Sie selbst Experimente mit Flüssigkeiten durchführen, die Sie so wie wir in Pyramiden einbringen, so werden Sie zu dem gleichen Ergebnis kommen. Es bleibt sich gleich, welches flüssige Medium Sie veredeln wollen. Alle Arten, angefangen bei Wasser über Fruchtsäfte, Wein, Essig bis zu Öl usw. werden in einer Art verändert, die für den physischen Körper des Menschen als absolut naturgegeben bezeichnet werden kann.

VI.

Das EXPERIMENT mit dem LEBEN
Die KILLER - Form

Nachdem wir in allen Bereichen mit sogenannter toter oder abgestorbener Materie experimentiert hatten, begannen wir mit Experimenten, die wir heute absolut ablehnen. Wir begannen, mit lebenden Kleintieren zu experimentieren.
Wie weit wir aus sogenannter Neugier oder Profilneurose gegangen sind, möchten wir lieber nicht näher ausführen, sondern beschämt verschweigen.

Auch im Nachhinein zu erkennen, dass alles, was uns passiert war, Karma-bedingt ist, verhilft uns nicht dazu, den schlechten Beigeschmack hinsichtlich dieser Experimente zu verlieren.

Um hinter das Geheimnis zu kommen, wie die geometrische Form der Pyramide auf das Lebendige wirkt, begannen wir ein Experiment, bei dem wir Käfer der Unterfamilie der Skarabäen (Geotrupinae), im Volksmund als Mistkäfer oder Rosskäfer bezeichnet, in einer netzartigen Halterung in die Mitte der Pyramide sowie in den Würfel setzten.
Da wir durch die eingesetzten Glasscheiben im Würfel und in der Pyramide die Verhaltensweise der Käfer beobachten wollten, hatten wir einen wechselnden Schichtdienst eingerichtet, so dass wir rund um die Uhr das Verhalten der Käfer ununterbrochen verfolgen konnten.

Am Ende der ersten 8 Stunden sahen wir bei dem Käfer im Würfel, dass er sich gar nicht wohl fühlte.
Er versuchte mit aller Gewalt, aus seiner Netzhalterung herauszukommen. Die Bewegungen, die er dabei mit seinen Beinen und Oberflügeln machte, könnte man als aggressiv bezeichnen.
Nach ca. 16 Stunden bewegte er sich so stark und aggressiv, dass die Netzhalterung vibrierte.

In den nächstfolgenden 8 Stunden erlahmten seine Kräfte, und man sah, dass er seinen Überlebenskampf vollständig eingestellt hatte. Nach 3 Tagen erkannten wir, dass der Käfer in den Verwesungszustand überging und sich langsam auflöste.
Wir brachen den Versuch im Würfel ab, da das Ergebnis nur so sein konnte wie bei allen Experimenten mit sogenannter toter Materie.

Der Käfer in der Pyramide zeigte folgende Verhaltensweise:
In den ersten Stunden nahmen wir ab und zu eine Bewegung wahr, die darauf hindeutete, dass der Käfer versuchte, aus der Umklammerung des Netzes herauszukommen.
Nach 8 Stunden war davon nichts mehr wahrzunehmen. Er verhielt sich absolut ruhig. Von diesem Zeitpunkt an war sichtbar an dem Käfer nichts mehr festzustellen.

Nach 3 Tagen, zum gleichen Zeitpunkt, an dem wir den Käfer aus dem Würfel holten, nahmen wir auch den Käfer aus der Pyramide. Dass er noch lebte, sahen wir, nachdem wir ihn herausgenommen und auf einem Tisch auf seine Beine gestellt hatten. Mit langsamen Bewegungen versuchte er nach einer kurzen Zeit zu gehen. Im Gegensatz zu Käfern, die nicht in einer Pyramide waren und die wir zum Vergleich auf den Tisch setzten, waren die Bewegungen des Käfers aus der Pyramide so, als ob er kaum noch Lebensenergie besitzen würde.
Das Experiment mit Käfern wurde auch als Langzeit-Experiment, allerdings nur in der Pyramide, von uns angesetzt. Das Ergebnis war erschreckend.
Nach 3 Monaten war der eingebrachte Käfer tot und mumifiziert.
Das Ergebnis kann nur dahingehend erklärt werden, ohne etwas Mystisches hineinzuinterpretieren, dass der Käfer verdurstete und verhungerte und dann mumifizierte.
Eine Argumentation dahingehend, dass der Tod des Käfers aufgrund der Gesetzmäßigkeit, die in der Pyramide abläuft, durch den Entzug von Lebensenergie eingetreten ist, scheidet aus.

Bei einem anderen Langzeit-Experiment mit der gleichen Käferart wurde das Experiment jeweils nach 3 Tagen kurzfristig unterbrochen, dem Käfer Nahrung und Flüssigkeit zur Verfügung gestellt, die er auch zu sich nahm, und das Experiment fortgesetzt.

Dieser Käfer war nach 3 Monaten noch am Leben. Veränderungen waren nur grobflächig am Käfer selbst festzustellen.

Im Grunde genommen ergaben alle Experimente mit sogenannter lebender Materie die gleichen Ergebnisse.
Wie schon gesagt, über den Ablauf dieser Experimente möchten wir einfach aus ethischen Gründen nicht weiter berichten.
Wir bitten auch diejenigen, die diese Experimente in der Form, mit Kleinlebewesen wie Mäuse sowie größere Tiere als Experiment-Medium benutzen wollen, aus ethischen Gründen davon abzusehen.

Die Ergebnisse sind gleich wie bei dem 1. Käfer-Experiment und gegenüber den Erkenntnissen, die in diesem Buch offengelegt werden, nicht zu vertreten.
Der Würfel, das erkannten wir an den Experimenten mit lebenden Tieren, war eine Killermaschine.
Für die Tiere, das wissen wir heute, nachdem wir die Gesetzmäßigkeiten allen Seins erkannt haben, war es furchtbar.
Sie töteten sich mit ihren eigenen abgestrahlten Myon-Neutrino`s, deren Energie-Quanten sie auseinander rissen.
Wie dieser Vorgang genau abläuft, wird in einem der nächsten Kapitel genau erläutert.

Heute wissen wir, dass es Mord war. Und wir wissen, dass alle Tierversuche in dieser Richtung oder auf anderen Experiment-Grundlagen nicht nötig sind, wenn man das Geheimnis aufgedeckt hat und den Sinn und Zweck allen Seins auf dieser Grundlage akzeptiert.
Sie sind nicht nötig, weil man auf der in diesem Buch beschriebenen Grundlage jedes Experiment gedanklich theoretisch nachvollziehen kann.

Am Ende des Buches werden Sie uns wahrscheinlich Recht geben und dann genau wie wir, öffentlich oder im Stillen, wirken, um Schäden an der Schöpfung zu verhindern.

VII.

Der WEG zur EIGENEN SEELE

Nachdem wir die Experimente mit sogenannter toter und lebender Materie durchgeführt hatten und es kaum noch ein Medium gab, mit dem wir nicht Versuche mit immer gleichem Ergebnis erzielten, überlegten wir uns, welche Möglichkeiten es noch gab, die Aussage des jungen Mannes zu überprüfen.
Wir entschlossen uns, nach reiflicher Überlegung, zu einem Experiment, bei dem wir selbst das Medium darstellten.
Wir ließen von einer Schreinerei aus alt gelagerten Fichtenholzbrettern, die fugenmäßig mit dem früher benutzten Knochenleim verleimt wurden,

1 Würfel in der Größenordnung 3 x 3 x 3 m
sowie
1 Pyramide mit einer Grundflächen-Seitenlänge von 6 m und einer Höhe von 3 m bauen,
die innen scharfe Ecken aufwiesen.

Da dieses Experiment in dem Umfeld, in dem wir unsere sonstige Arbeit verrichteten, nicht durchzuführen war, mieteten wir in der Nähe eine Lagerhalle an, in der auch medizinische Notfallgeräte untergebracht werden konnten.
Da wir dieses Eigen-Experiment nur am Wochenende durchführen konnten, da ein Teil von uns ein Lehramt sowie andere Beschäftigungen ausführten, einigten wir uns darauf, dieses Experiment in den Ferienmonaten Juli und August durchzuführen.

Es war uns bewusst, dass der Aufenthalt in den geometrischen Gebilden eine heiße Angelegenheit werden würde, da in diesem Raum keine Klimaanlage war. Aber die Möglichkeit, die Experimente als geschlossene Einheit durchzuführen, war nicht anders gegeben.
Da das Experiment über 3 Tage laufen sollte und diejenigen, die sich außerhalb der geometrischen Gebilde aufhielten, keinerlei Kontakt, bis

auf Sprechen, mit den Versuchspersonen aufnehmen konnten und der Gesundheitszustand nicht kontrollierbar war, hatten wir vereinbart, das Experiment bei irgend welchen negativen Erscheinungen, die man als gesundheitsschädlich empfindet, sofort abzubrechen.

Gleich zu Beginn der Urlaubszeit begannen wir an einem Samstag mit dem Experiment.
Da die Außentemperatur tagsüber bei 26 Grad lag, verlegten wir den Beginn des Experiments auf abends 18 Uhr. Die 2 Personen, die sich bereit erklärt hatten, mit dem Experiment zu beginnen, entkleideten sich vollständig und setzten sich auf eine kleine runde Sitzfläche, die wie bei den sonstigen Anordnungen genau in der Mitte an allen Seitenwänden mit Hanfseilen befestigt war.
Die Sitzflächen waren so angebracht, dass sich der Solar Plexus der Versuchsperson genau im Mittelpunkt befand. Vor Beginn des Experiments hatten wir den Raum sowie den Würfel und die Pyramide gut durchgelüftet.
Die Raumtemperatur war einheitlich 18 Grad.

Für die ersten Stunden hatten wir vereinbart, im Stundenrhythmus eine kleine Glocke anzuschlagen, damit die Versuchspersonen wussten, dass sie ein Lebenszeichen abzugeben hatten.
Beide Versuchspersonen hatten zu Beginn des Experiments keinerlei körperliche Beschwerden.

Nach circa 5 1/2 Stunden unterbrach die Versuchsperson im Würfel das Experiment. Wir öffneten eine Seitenfläche des Würfels und ließen die Versuchsperson heraus. Der körperliche und nervliche Zustand war erschreckend. Der Blutdruck, der zu Beginn des Experiments bei dieser Versuchsperson, einem 48 Jahre alten Mann, 130/80 war, hatte sich auf 180/100 erhöht. Der Mann klagte über starke Schmerzen im Bauchraum. Einen genauen Schmerzpunkt - Darm - Magen oder ein sonstiges Organ - konnte er nicht benennen.

Den Verlauf des Experiments schilderte er wie folgt:
Nach der 1. Stunde spürte er einen leichten Druck im Kopf sowie ein Gefühl von Platzangst, das mit einem leichten Kribbeln im ganzen Körper einherging.

Nach circa 2 Stunden traten Schwindelgefühle, starkes Herzklopfen, starker Druck auf der Hypophyse und ein Brennen im Bauchraum auf.
Gegen Ende der 3., Anfang der 4. Stunde hatten sich die vorher geschilderten Symptome leicht verstärkt. Etwa 1/2 Stunde vor Abbruch des Experiments hatte er starke Schmerzen im Bereich des Bauchraumes, Bewusstseinsstörungen und Wahrnehmungstrübungen hinsichtlich seiner Umwelt sowie ein starkes Hitzegefühl, als ob das Blut koche, so schilderte er es, was in ihm den Gedanken erweckte, das Experiment abzubrechen.

Da er die vereinbarten 8 Stunden jedoch unbedingt durchhalten wollte, entstanden in ihm starke Aggressionen. Sein Gesamtzustand veränderte sich für ihn gefühlsmäßig so stark, dass er mit dem Gedanken: "Das ist doch alles Schwachsinn!", geschrien hat: "Abbrechen, abbrechen...!"
Beim Heruntersteigen von der Sitzfläche versagten ihm die Beine, und er fiel auf den Boden. Die Kraft, an die Wand zu klopfen, war mehr eine Reflexbewegung aus der Aggression heraus, weniger die Kraft selbst, die er benötigte, um zu klopfen.

Das Ergebnis unserer Überlegungen nach diesem Versuch warf die Frage auf:
"Waren die Symptome entstanden durch den dunklen engen Raum, durch die Abstrahlung der Körperwärme, durch Sauerstoffmangel, ... ?"
Wir wussten es nicht, denn alle diese Faktoren bezogen wir erst nach dem Experiment in unseren Denkprozess mit ein.
Wir wussten nur eins:
Egal, welche Faktoren gewirkt hatten, dieser Würfel war so und so eine Killermaschine.

Wenden wir uns der Versuchsperson zu, die zum gleichen Zeitpunkt wie die 1. Versuchsperson, die im Würfel war, das Experiment begonnen hatte und die wir nach 8 Stunden - trotz des negativen Ausgangs wollte die Versuchsperson des Würfels nicht, dass der andere Versuch auch unterbrochen wurde - aus der Pyramide holten.
Nach dem Öffnen der Pyramide, bei der wir eine Seitenfläche aufklappen mussten, blieb die Versuchsperson in der gleichen Haltung sitzen, ohne sich zu rühren.

Wir erkannten, dass die Testperson gar nicht wahrgenommen hatte, dass die Pyramide offen war.

Erst als wir sie vorsichtig berührten und ihr mit leiser Stimme sagten, dass das Experiment beendet sei und sie aus der Pyramide herauskommen solle, hob sie ganz langsam den Kopf und öffnete wie im Zeitlupentempo die Augen. Der Blick ihrer Augen war weit entrückt. Auch die Farbe der Augen erschien uns dunkler und klarer.

Nachdem wir sie langsam vom Sitz auf den Boden gestellt hatten, sahen wir, bzw. wir fühlten mehr, dass wieder Leben in ihrem Körper aufkam.

Nach der 8 Stunden langen Sitzhaltung, das ist die logische Erklärung, war ihre Standfestigkeit natürlich nicht die beste.

Sie stützend führten wir sie aus der Pyramide, wickelten ihren Körper in eine Decke und setzten sie in einen Sessel.

Ihr folgender Bericht über ihre Empfindungen innerhalb der Pyramide war absolut entgegengesetzt zu dem Bericht der Versuchsperson aus dem Würfel.

Ihr körperliches Befinden konnte man als überspitzt ruhig bezeichnen, sie zeigte irgendwie nicht die Natürlichkeit, die man sonst bei einem Menschen empfindet, der ein sogenannter ruhiger Typ ist.

Ihr normaler Blutdruck vor Beginn des Experiments war 160/90. Der gesamte Gesundheitszustand zu Beginn war als normal zu bezeichnen.

An diesem Zustand hatte sich nichts geändert. Das Einzige, was zu bemerken wäre, war ihr subjektiver Befund, dass sie sich leichter fühlte.

Da wir das Gewicht der Versuchspersonen vor Beginn des Experiments nicht festgehalten hatten, war dies etwas, was wir nicht überprüfen konnten.

Der Blutdruck nach Beendigung des Experiments war 140/65.

All das war bedingt durch die Ruhe, in der sie sich 8 Stunden lang befand, und unseres Erachtens nach ein natürlicher Vorgang, der auf keinerlei außergewöhnliche Wirkungen schließen ließ, es sei denn, man interpretiere sie hinein.

Heute wissen wir, dass es nicht ein normaler Vorgang war, sondern, dass die Blutdrucksenkung in der Pyramide ein ungefährlicher gegebener Vorgang ist.

Das Außergewöhnliche folgt in dem Bericht dessen, was sie während der Sitzung in der Pyramide körperlich und geistig, ihrer Aussage nach, erlebt und empfunden hat.

Für realistisch denkende Menschen, zu denen wir uns damals alle zählten, war das, was sie erzählte, eigentlich nur Spinnerei und Phantasterei. Es ist gleich, wie Sie es bezeichnen wollen.

Heute wissen wir, dass das, was wir, bedingt durch unsere Erziehung, als Realität betrachten, mit Realismus nichts zu tun hat, sondern nichts weiter ist als eine Folge unserer Denkabläufe.

Da wir in der Zwischenzeit unzählige Experimente in der von uns so bezeichneten Kubischen Meditations-Pyramide hinter uns haben und die im nachfolgenden beschriebenen Phänomene selbst unzählige Male erlebten, ist diese Schilderung für uns heute mehr als Realität.

Aber hören wir uns zunächst einmal den Bericht an, den die Person nach dem 1. Versuch abgab und der von uns auf Band aufgenommen wurde.

"In der 1. Stunde hatte ich Schwierigkeiten, ruhig zu sitzen, da ich von Haus aus nicht der Typ bin, der ruhig sitzen kann.

Obwohl ich ab und zu Autogenes Training anwendete, genau so, wie ich ab und zu das tat, was man als Meditation bezeichnet, jedoch zeitlich begrenzt auf ¼ Stunde, hatte ich Schwierigkeiten, einmal mit meiner Sitzfläche, die mir trotz Polster vorkam, als säße ich auf einem spitzen Stein. Das zweite Empfinden war, als ob meine 130 Pfund langsam in den Boden sinken würden. Meine Arme und Beine waren zu Gegenständen geworden, die wie Gewichte an meinem Körper hingen. Ich war eine kurze Zeit lang der Verzweiflung nahe. Am liebsten wäre ich aufgesprungen und hätte das Experiment abgebrochen. In der 1. Stunde habe ich an nichts anderes mehr gedacht als daran, welchen Grund ich für den Abbruch des Experiments vorbringen könnte.

Aber da ich mit einer gewissen Sturheit gesegnet bin und ich mich gegen Ende der 1. Stunde durch dieses Gedankengebäude, das ich mir aufgebaut hatte, von dem Nichtwohlfühlen abgelenkt hatte, spürte ich, als ich zum 1. Mal den Ton der kleinen Glocke hörte, die mir den Ablauf der 1. Stunde ankündigte, ein Gefühl, als ob ich gar nicht mehr da sei. Das Gedankenbild "Abbrechen", das in meinem Gehirn ablief, war zum einzigen Konzentrationspunkt geworden.

Als ich vor ein paar Jahren ein Buch über Meditation schrieb, war einer der Schlüsselsätze:
"Meditation ist die Konzentration auf einen Punkt."
Damals waren das mein Glaube und meine Überzeugung. Nach dieser 1. Stunde war es zum absoluten Wissen geworden.
Die Konzentration, einen Grund zu finden, um das Experiment abzubrechen, das, wie jeder weiß, nur als Gedankenbild (= Bildhafte Vorstellung) in unserem Gehirn abläuft, hatte mich von meinem Körper so weit abgelenkt, dass ich meinen Körper gar nicht mehr wahrgenommen habe.
Es war eigentlich alles nichts Neues für mich, da ich in diesem Bereich viele Experimente hinter mir hatte.
Zum Beispiel das Schmerzfrei-Machen von Körperteilen, an denen man dann alle möglichen Manipulationen wie das Einstechen von Nadeln, das Aufdrücken von Zigaretten usw. ohne Schmerzempfinden vornehmen kann.
Als mir das bewusst wurde, überprüfte ich gedanklich die Funktionen meines Körpers, bewegte die Zehen und die Finger, bewegte leicht den Kopf. Auch wenn es mir schwer fiel, so stellte ich doch fest, dass ich noch vorhanden war.
Es hört sich idiotisch an, aber im ersten Moment des Erkennens habe ich mir eingebildet, ich wäre wirklich nur der Gedanke selbst. Das heißt der Gedankengang "Wie breche ich das Experiment ab?" mit all seinen Bildern.

Die 2. Stunde begann ich bewusst, wissend, dass mein Körper mir keine Schwierigkeiten mehr bereiten würde, da ich ihn bewusst von meinen Gedanken abnabeln konnte.
Ich begann noch einmal, meinen Atem zu überprüfen, so lange, bis ich merkte, dass er ruhig und gleichmäßig vonstattenging.
Ich konzentrierte mich jetzt einfach auf meinen Kopf, d.h. auf mein Gehirn.
Wie ein Außenstehender ließ ich alle Gedanken oder, besser gesagt, Gedankenfetzen, die vor meinem geistigen Auge entstanden, ohne sie festzuhalten, vorbeiziehen.
Bewusst, und das war eigentlich das Sensationelle für mich, sah und spürte ich, wie die Gedanken, die alle auf mich einstürmten, immer weniger wurden.

Ich betone nochmals: Es war kein Schlaf, es war kein Traum, es war ein klares Wahrnehmen all meiner Gedanken. Wäre es nicht so gewesen, könnte ich das Folgende nicht schildern.
Unbewusst, ohne darauf einzugehen, hörte ich den Ton der Glocke, und wusste, dass wie im Flug die 2. Stunde vergangen war.
Da ich ein Gefühl hatte, als ob ich schwebte bzw. als ob ich aus meinem Körper herauswäre, aber komplett, hatte ich gar nicht den Wunsch, zu unterbrechen und mein Befinden zu überprüfen.

Ich muss erklärend hier an dieser Stelle hinzufügen, dass wir ausgemacht hatten, jede Stunde beim Klang der Glocke aus der Ruhetönung herauszugehen, um festzustellen, ob irgend ein Unwohlsein aufgetreten sei.

Ich hatte ein Gefühl, als wäre ich absolut frei.
Wenn ich jetzt darüber nachdenke, war es eigentlich das schönste Gefühl, das ich je in meinem Leben kennen gelernt hatte.
Es war wie ein Zwang, dieses Gefühl festzuhalten.
Das Handicap war nur, wie ich in der nächsten Stunde spürte, dass das Festhalten neue Gedankenbilder heraufbeschwor. Durch das Festhalten verlor ich das Gefühl, das mich vorher frei und glücklich gemacht hatte.
Denn von dem Moment an, wo ich wollte, dass ich mich wieder in dieses Gefühl einschwinge, war das Gefühl weg, und eine Unruhe erfasste mich.
Geboren aus dieser Unruhe entstanden vor meinem inneren Auge Gedankenbilder aus der Vergangenheit, die man einfach als negativ bezeichnen kann. Geschehnisse, die ich in der Vergangenheit, Karma-bedingt, leben musste. Es waren Situationen dabei, an die ich 20 Jahre lang nicht mehr gedacht hatte.
Und die Bilder rissen nicht ab. Der ganze Schmutz meines Lebens, den ich in der Vergangenheit angehäuft hatte, so wie jeder Mensch viele verdrängte Erlebnisse besitzt, kam, Bild an Bild gereiht, vor mein inneres Auge.
Der Wunsch, der parallel dabei auftrat, das Experiment abzubrechen, und das war der Witz dabei, blieb nur ein Wunsch.
Ich hatte nicht die Kraft, warum, weiß ich nicht, einfach aus diesen Bildern zu flüchten, denn ich legte keinen Wert darauf, all diesen

Schmäh noch mal zu erleben, da ich froh war, dass er der Vergangenheit angehörte.

Wie eine Erlösung, und das spürte ich sogar körperlich, wirkte auf mich der Glockenschlag der 3. Stunde.

Ich öffnete die Augen und spürte, trotz der 3 Stunden Sitzen, sofort meiner Körper wieder.

Nur irgendetwas war mit meinem Körper vorgegangen. Ich konnte zwar sofort die Arme und Beine bewegen, aber es war anders, so, als ob alles bewegungsmäßig leichter ablief, ohne Anstrengung.

So, als ob der Körper sich von irgendetwas gelöst hätte, was ihn vorher festgehalten hatte.

Man kann auch sagen; Es war ein Gefühl, als ob der Körper etwas ausgeschieden hätte, was ihn einengte.

Es war alles freier, luftiger, lockerer.

Ich war hellwach.

Und alles, was ich bildhaft in meinen Gedanken aus der Vergangenheit erlebt hatte, war voll da und bewirkte in mir eine geistige Unruhe.

Ich überlegte ernsthaft, das Experiment abzubrechen, da ich Angst hatte, das Experiment weiter fortzuführen, Angst vor diesen Bildern.

Aber dann sagte ich mir "Was soll das?", denn mir wurde klar, dass diese Bilder immer unbewusst in mir gewirkt hatten.

Aufgeben war kein Weg.

Ich weiß nicht, welche Kraft mich bewog, weiter im Experiment zu bleiben. Ich blieb und begab mich einfach wieder in die Ruhe, indem ich die Augen schloss, und versuchte, alle Gedankenbilder, die kamen, nicht festzuhalten, sondern einfach an mir vorbeifließen zu lassen.

Nach schätzungsweise circa 10 Minuten hatte ich wieder der Zustand der Ruhe erreicht, an dem keine Gedankenbilder mehr vorhanden waren.

Ich sah nichts weiter als eine graue Schwärze, die immer heller wurde.

Ohne das Bilder entstanden, sah ich ununterbrochen nur diese graue Schwärze.

Plötzlich, wie aus dem Nichts, ganz weit weg, sah ich eine Person mit langen silbergrauen Haaren, bekleidet mit einem weißen Umhang, aus dieser Helligkeit auf mich zukommen.

Ich sah ein Gesicht und sah kein Gesicht. Ich könnte es nicht schildern.
Das Lächeln auf diesem Gesicht war vorhanden, aber ich spürte es nur.
Ich sah es und sah es nicht.
Als die Person etwa 10 m vor mir war, winkte sie mir mit der rechter
Hand, und mir war, als ob sie zu mir sagte. "Komm, folge mir!"

Als sie sich umdrehte und wieder in die Helligkeit schritt, spürte ich,
wie ich mich von meinem Sitz erhob und hinter ihr herlief. Gleichzeitig
sah ich mich, d.h. meine ruhende Gestalt, immer noch auf dem Sitz in
der Pyramide.

Ich weiß, es hört sich verrückt an, was ich hier schildere, aber genau so
habe ich es erlebt.
Erlebt und wahrgenommen in einer Realität, die, wenn ich jetzt darüber
nachdenke, mich irgendwie erschrecken lässt.
Plötzlich war die Gestalt verschwunden, und ich befand mich vor einem
großen Tor, das irgendwie, ohne dass ich es sah, für mich oben einen
Rundbogen besaß. Das Tor selbst nahm überhaupt kein Ende, als ich
nach oben sah. Als ich mich umdrehte, sah ich hinter mir einen
Waldweg, rechts und links von dichten Bäumen gesäumt.

Als ich mich wieder umdrehte, öffnete sich im gleichen Moment das Tor
vor mir.
Hinter dem Tor tat sich ein großes Tal auf, das ringsum eingeschlossen
war von bewaldeten Bergen. Zwischendrin immer wieder Felsbereiche.
Ganz hinten am Talende, etwas oval ausgebildet, konnte ich eine glatte
Wandfläche wahrnehmen.
Als ich das Tor durchschritt, sah ich rechts einen Weg, der in das Tal
hineinführte. Als ich circa 20 m auf dem Weg gelaufen war, sah ich links
unter mir, der Weg war in den Hang eingearbeitet, eine riesengroße
Wiesenfläche voll von allen Arten von Blumen. Eine unvorstellbare
Farbenpracht bot sich mir dar. Überall standen verstreut Bäume, die
blühten, Bäume, die Früchte trugen, und, etwas weiter in die Wiese
hineingehend, vereinzelt schwere große Eichen.

Ich nahm alles wahr, als ob ich mitten darin wäre, und befand mich doch
auf diesem Weg.

Als ich ein Stückchen weiter den Weg hinunterschritt, nahm ich Menschen wahr. Alte und junge Menschen, Kinder, sitzend, stehend, liegend und tanzend.
All diese Menschen waren gekleidet in weiße leichte Umhänge, so, wie sie die Person trug, die mich in der Pyramide abgeholt hatte.
Plötzlich sah ich mich am Rande der Wiese stehen. Gruppenweise kamen lachende strahlende Menschen auf mich zu, berührten mich und zogen mich leicht an den Armen auf die Wiese.
Doch plötzlich fand ich mich, allein gelassen, genauso mit einem weißen luftigen Umhang bedeckt, an einer der Eichen stehen, die ich vom Weg aus gesehen hatte.
Wie aus dem Nichts kamen drei ältere Männer, die mir absolut vertraut vorkamen und eine unsagbare Ruhe ausstrahlten, auf mich zu.
Zwei von ihnen nahmen mich und den dritten Mann an den Händen, und wir setzten uns unter der Eiche in das Gras. Wenn ich jetzt zurückdenke, weiß ich, dass das, was ich jetzt als Sprechen bezeichne, kein Sprechen war, sondern nichts weiter als ein sprachloser Gedankenaustausch.
Es war ein Ablauf in Gedankenbildern.

Ich sah mich auf einmal als kleines Kind wieder in meinem Umfeld, in dem ich groß geworden war.
Kurz: Ich er lebte mein ganzes Leben noch einmal. Und jedes Mal, wenn ich an einen Punkt meines Lebens kam, der für mich, aus meiner Sicht gesehen, etwas war, an das ich nicht gern zurückdachte, bekam ich bildhaft eine Erklärung, die mir klarmachte, dass ich das erleben musste, um das Nachfolgende überhaupt leben zu können. Nicht warum, sondern dass es gar nicht anders möglich war, aus dem ganzen Leben heraus gesehen.
Schuld war auf einmal nicht mehr Schuld, sondern nichts anderes als ein gesetzmäßiger Ablauf.
Es war einfach mein Leben, und ich erkannte, dass ich gar nicht anders hätte leben können.

Ich erkannte also, dass all das, was ich negativ hineininterpretiert hatte an Schuld und sonstigen Argumenten, gar nicht zutraf.
Plötzlich, wie eine Erlösung, fühlte ich mich absolut frei und ohne Schuld.

Als ich den drei Männern in das Gesicht sah, spürte ich, dass alles Schwere, das ich mein ganzes Leben lang mit mir herumgetragen hatte als Schuld, Gewissensbisse, gleich wie man es bezeichnet, nichts mehr mit mir zu tun hatte.

Ohne dass ich es gemerkt hatte, saß ich nur noch mit einer Person zusammen, die anderen zwei hatten sich wie in das Nichts aufgelöst und waren verschwunden. Der Mann, der zurückgeblieben war, war der, zu dem ich von Anfang an ein absolutes Vertrauen hatte.
So, als ob ich ihn ewig kennen würde. Es war ein Gefühl, als wäre der Mann in meinem Leben immer da gewesen. Er lächelte und sagte: "Ja, so ist es. Ich bin deine Wesenheit, ich bin du."
In diesem Moment hörte ich den Schlag der Glocke, die wir als Signal vereinbart hatten und die anzeigte, dass die 4. Stunde vergangen war.
Plötzlich war alles verschwunden. Ich fühlte, als ob ich von irgendetwas gezogen würde, das mich gleichzeitig zwang, die Augen aufzuschlagen.
Plötzlich war die Erinnerung wieder da. Ich wusste, ich war das Medium eines Experimentes in einer Pyramide. Und irgendwie kam mir in diesem Moment das, was wir hier taten, absolut überflüssig vor.
Ich spürte ein Gefühl, das in mir den Wunsch erzeugte, der immer stärker wurde, den Wunsch, zurück in die Umgebung zu gelangen, in der ich gewesen war.
Ohne dass ich es selbst wahrnahm, gab ich einen Laut von mir als Zeichen, dass ich noch lebte. Es war eine routinemäßige Reaktion.
Ich erkannte gar nicht mehr, ob all das, was ich bis zu dem Glockenschlag erlebt hatte, ein reales Erlebnis oder ob ich eingeschlafen und alles nur ein Traum war.
Ich wusste es nicht. Ich wollte nur noch eins: Zurück.
Dahin zurück, wo ich eben war. Realität oder Traum - es war mir gleich.

Aber irgendetwas sagte mir "Es war die Realität. Du warst aus deinem Körper und hast das tatsächlich erlebt", auch wenn ich nicht wusste, was aus meinem Körper herausgegangen war.
Ich schloss meine Augen wieder und begann, mit aller Gewalt zu versuchen, mir das Erlebte wieder gedanklich vorzustellen.
Die Bilder waren auch sofort wieder da, aber es war nur noch ein Abklatsch, ein willkürliches Erinnern an das, was ich in der letzten Stunde erlebt hatte.

Es waren Bilder, aber nicht das Gefühl.

An dieser Stelle hörte die Testperson für längere Zeit auf zu sprechen.
Wir anderen sahen uns an und wussten nicht, was wir davon halten
sollten. Wir hatten fasziniert zugehört und fühlten uns irgendwie
betroffen, denn wir hatten alles Mögliche erwartet, aber nicht das.
Die Testperson, die das schilderte, war alles andere als ein Phantast.
Sie war eigentlich diejenige unter uns, die uns sofort wieder auf den
Boden der Tatsachen holte, wenn wir uns in einer Gedanken-Hypothese
auch nur ein kleines bisschen von den Fakten und Realitäten entfernten.
Wir kannten sie nur als absoluten Realisten, der im Grunde genommen
nur an das glaubte, was er sah, was er anfassen konnte und was
beweisbar war.
Wenn einer von uns das, was sie erlebt hat, erzählt hätte, wäre sie aller
Wahrscheinlichkeit nach aufgestanden und ohne Kommentar gegangen.

In den 2-3 Minuten, in denen sie gedankenvoll vor sich hinstarrte, war
kein Wort gesprochen worden. Jeder hing seinen eigenen Gedanken
nach.
Plötzlich, ohne Ankündigung, begann sie, weiter zu berichten.

"In den nächsten 2 Stunden, d.h. in der 5. und 6. Stunde des
Experiments, versuchte ich alles, um wieder den Zustand zu erreichen,
den ich in der 4. Stunde erlebt hatte.
Körperlich spürte ich in mir ein Gefühl, als ob mir die Kraft entzogen
würde.
Ich spürte mein Blut in meinen Adern fließen und meinen Körper immer
leichter werden.
Es war wie eine Schwerelosigkeit, und ich hatte das Gefühl "Wenn du
dich jetzt vom Boden abstößt, dann kannst du dich frei in der
Atmosphäre bewegen."
Die Gedankenbilder, die mir kamen, waren vielfältig und aus allen
Bereichen meines Lebens.
Sie kamen und gingen Gedankenbilder entstanden und verschwanden.
Aber alles war nichtssagend.
Immer, wenn ich versuchte, wieder gedanklich in die Ebene zu gehen,
in der ich mich in der 4. Stunde aufgehalten hatte, vermischten sich die
Bilder mit irgend welchen Bildern aus dem täglichen Leben.

So gingen die 5. und die 6. Stunde vorbei.

Als das Signal der 6. Stunde ertönte und ich mein Lebenszeichen, ein trockenes kraftloses "Ja" von mir gegeben hatte, war wieder der Moment da, an dem ich am liebsten das Experiment abgebrochen hätte, nicht, weil es mir schwer fiel, sondern eher aus der Enttäuschung heraus, dass ich nicht in der Lage war, wieder in das Tal zurückzukehren, in "mein" Tal, denn meine Gedanken bewegten sich nur noch um dieses Tal.
Ohne die Augen aufzuschlagen, bewegte ich kurz und leicht meinen Körper und meine Gelenke und ließ mich einfach wieder, was mir auch nicht schwer fiel, in die Ruhe fallen.

Seit mehreren Jahren hatte ich mir angewöhnt, wenn ich direkt einschlafen wollte, Themen, die mich stark beschäftigten, in dem Moment, wo sie versuchten, mir durch Nachdenken den Schlaf zu rauben, aus meinem Gedächtnis zu verbannen.
Ich sagte mir das Gleiche: "Wenn jetzt ein Gedanke kommt, so werde ich ihn nicht mehr festhalten, sondern werde versuchen, einfach einzuschlafen."

In den schlauen Büchern wird dieser Ablauf als "Loslassen" beschrieben.

Es klappte ohne Schwierigkeiten, nur das Ergebnis war diesmal nicht Schlaf, sondern ich sah mich aus meinem Körper herausgehen. Ich sah mich neben meinem Körper, der auf der Sitzfläche mehr hing als saß, und ging langsam von meinem Körper weg.
Als ich ein paar Schritte gegangen war, sah ich die Person, die mich das erste Mal abgeholt hatte, plötzlich vor mir stehen.
Mit einem Lächeln sah sie mich an, nickte mit dem Kopf, drehte sich um und schritt vor mir her.
Ich hatte das Gefühl, als ob sie zu mir gesagt hätte: "Es ist richtig. Folge mir!"

Wieder nahm ich plötzlich wahr, dass die Person verschwunden war und ich vor dem geöffneten Tor stand und mich hineingehen sah.

Es war eine verrückte Situation. Ich sah mich durch das Tor gehen, ich sah mich in der Pyramide sitzen, und wenn ich jetzt darüber nachdenke, stelle ich mir die Frage: "Wer war ich, der alles sah?"
Ich sah mich zweimal, und wenn ich mich zweimal sehe, muss ich dreimal vorhanden sein.
Jetzt, da ich darüber erzähle, fällt mir das auf.

Als ich das Tor durchschritten hatte, sah ich mich nicht mehr als Person in der Pyramide.
Ich war wieder ich. Ich sah mich in meiner Gestalt, weiß gekleidet, den Weg zur Wiese gehen.
Das Tal war noch genau wie vorher, als ich es zum ersten Mal gesehen hatte. Aber etwas war anders.
All die weiß gekleideten Menschen, die sonst über die Wiese liefen, sprangen und tanzten oder in Gruppen im Gras saßen, standen jetzt in kleinen Grüppchen zusammen, und all diese Menschen, die ich irgendwoher kannte bzw. die mir absolut bekannt vorkamen, sahen mich an mit einem Ausdruck im Gesicht, den ich nicht anders bezeichnen kann als ein wissendes Lächeln. Es war nichts Beunruhigendes, auch kein Angstgefühl in mir.

Als ich auf die Wiese trat, gingen die Menschen zur Seite und öffneten mir einen Gang. Am Ende des Ganges befand sich die Eiche, unter der ich damals mit den drei Männern gesessen hatte.
Im Gras saß die Person, die damals zu mir sagte: "Ich bin deine Wesenheit. Ich bin du. "
Mit schnellen Schritten, als ob mich etwas zog, ging ich auf ihn zu und setzte mich neben ihn.
Als ich in seine Augen sah, spürte ich einen starken Sog, so, als ob ich in ihn hineingezogen würde.
Und genau so war es.
Er hat mich in sich aufgenommen. Ich war in ihm und sah mich auch in ihm. Wir waren zu einer Person geworden.

Als mir das bewusst wurde, stand er auf, und wir, in seiner Person eine Einheit, gingen mit hoch erhobenem Haupt in das Tal auf eine riesengroße Felswand zu.
Als wir näher herangekommen waren, sagte er:

"Alles, was du jetzt erlebst und siehst, ist in Zukunft bestimmend für unser Sein."
Noch näher herankommend erkannte ich, dass diese riesengroße Felswand sich auf einmal auf eine Größe von circa 5 x 5 m verkleinert hatte und ein Schrank war mit vielen Schubfächern. Auf den Blenden der Schubfächer waren die Buchstaben des ganzen Alphabets angebracht.
Als wir circa 10 m vor diesem Schrank stehen blieben, sagte er mir:
"In diesem Schrank ist unser ganzes Karma-bedingtes Sein aufbewahrt. Alle Gedankenformen, die wir geschaffen haben in unserem Sein, seitdem wir als Gedankenbild erschaffen wurden, sind in diesen Schubläden als Formen verwahrt."

Plötzlich war das Bild des jungen Mannes vor mir, dessen Erzählung uns bewogen hatte, dieses Experiment, in dem wir uns zurzeit befanden, durchzuführen.
Im gleichen Moment, wo das Bild da war, sagte er mir "Öffne die Schublade und sieh hinein!"

Als ich auf den Buchstaben E sah, weil der Gedanke "Experiment" in Verbindung mit diesem jungen Mann in mir aufkam, befand ich mich im gleichen Augenblick in einem Umfeld wie ein endloser Raum, in dem ich all die Experimente sah, die ich in meinem Leben durchgeführt hatte sowie Experimente, die mir vollständig unbekannt waren.
Ich sah eine Pyramide aus Stoff, ich sah eine Pyramide aus Fäden, ich sah eine Pyramide aus Kristallglas sowie unzählige Pyramiden, in der geometrischen Form der Pyramide, als Kegel, als Tetraeder, ich sah Würfel, Kuben, und sah auf einmal all die Abläufe, so, wie sie uns der junge Mann erklärt hatte.
Ich sah überall Menschen. Menschen die ich kannte, mit denen ich zusammengearbeitet, experimentiert hatte, ich sah Menschen, die mit mir an Experimenten arbeiteten, die ich nicht kannte, und ich sah die Ergebnisse dieser Experimente. Und immer, wenn ein Bild vor mir erschien, so war das so realistisch, als ob ich es in diesem Moment auch wirklich tun würde.
Für mich war das irgendwie zu viel, denn ich merkte, wie sich eine unvorstellbare Spannung in mir aufbaute. Es war wie eine Angst, nein,

es war nicht wie eine Angst, es war Angst, einfach pure Angst. Warum, kann ich nicht erklären.
Plötzlich lief alles blitzschnell ab. Ich sah mich wieder vor dem Schrank stehen und dann weglaufen. Atemlos erreichte ich die alte große Eiche und setzte mich in das Gras. In dem Moment sah ich mich wieder neben der Person, die mir gesagt hatte, sie sei meine Wesenheit und ich sei sie. Ich fühlte mein Herz im Hals schlagen.

Da spürte ich, wie er meine rechte Hand nahm, mich anlächelte und sagte:
"Du brauchst keine Angst zu haben. Du brauchst dich nicht zu fürchten. Alles, was du erlebt hast, ist die Realität. Alles passiert zur gleichen Zeit. Vergangenheit und Zukunft sind nur ein Moment. Bald wirst du alles verstehen und begreifen. Du wirst erkennen, was der Sinn und Zweck deiner Existenz ist.
Du wirst begreifen und verstehen, dass dein Erscheinungsbild als physischer Körper nur durch den Druck meines Denkens entsteht. Das alles, was du als dein Leben bezeichnest, vorgedacht ist.
Und dass ich, deine Wesenheit, durch meinen Gedanken-Druck die Gedankenformen verdichte, die du als deine Umwelt bezeichnest, die du sehen, fühlen, riechen, schmecken und hören kannst.

Es sind die gedachten Gedankenbilder aus deinen vorigen Leben, die du dir als Karma erschaffen hast.
Mit dem Druck meiner Gedanken verdichte ich sie zu dem, was du in deinem jetzigen Leben als Materie bezeichnest. Die Materie, angefangen beim subatomaren Teilchen über die Elementar-Teilchen bis zu Atomen und Molekülen, entsteht durch den Druck meiner Gedanken.

Alles, was du denkst und tust, entsteht durch die Gedankenbilder, die du vor der jetzigen Zeit geschaffen hast. Es ist dein Karma.
Das, was du Schicksal nennst, ist all das, was du denkst und nicht tust.
Denn die Gedankenformen, die du in deinem Leben neu schaffst, das heißt neu denkst, sind Gedankenbilder, die als Gedankenformen unzerstörbar vorhanden sind und gelebt werden müssen.
Sind es keine Ich-bezogenen Gedankenbilder, sondern Gedankenbilder, die du anderen Menschen, anderen Wesenheiten zur Verfügung stellst,

so werden sie direkt aus der Ur-Quelle, das, was der Mensch als "Gott" bezeichnet, also aus einer unerklärlichen Ur-Quelle, mit Druck gefüllt.

Gedankenbilder, die Ich-bezogen sind und die du leben musst, kommen nach dem Gesetz der Resonanz, da ich als deine Wesenheit sie durch den Druck meiner Gedanken erst erscheinbar existieren lasse, in meine Gedankenwelt und werden gespeichert, bis ich sie entweder im gleichen Moment oder zeitverschoben in deinem jetzigen Leben oder in einem deiner nächsten Leben einbinden kann in ein Gesamtgeschehen.
Der Schrank, den du gesehen hast, in dem du warst, ist, um es mit deinen Worten zu sagen, mein Gehirnspeicher, in dem alles verwahrt liegt an Gedankenformen, die wir, seit ich erschaffen wurde als Gedankenform meiner Wesenheit, die mich erschuf, geschaffen, das heißt gedacht haben."
Als ich aufblickte, sah ich all die Menschen, die ich vorher auf der Wiese gesehen hatte, in einem dichten Kreis um mich herumstehen, mit einem unbeschreiblichen Lächeln in ihren Gesichtern, und ich fühlte in mir eine Stärke entstehen, die durch die Kraft, durch das Lächeln und Nicken der Menschen erzeugt wurde.
Wie ein Stimmengemurmel hörte ich immer wieder "Es ist dein Weg. Es ist dein Weg. Gehe ihn, und du bist frei!"

Ich stand auf und fühlte, wie die Person, die sagte, sie sei ich, mich an sich drückte, fühlte die Hände vieler anderer Menschen und ging, mich mehrmals umdrehend über die Wiese auf den Weg zu.
Als ich den Weg erreicht hatte und langsam auf das Tor zuschritt, sah ich rechts unter mir viele Menschen, die mir glücklich zuwinkten.
Plötzlich stand ich vor dem Tor. Ich war allein, und irgendwie überfiel mich eine absolute Traurigkeit. Ich stand da und wollte nicht zurück durch das Tor.
Ich wollte zurück in das Tal.
Aber irgendetwas zog mich mit Gewalt durch das Tor. Und als ich das Tor durchschritten hatte, fühlte ich Eure Hände an meinem Körper und schlug langsam die Augen auf."

Als die Testperson zu Ende berichtet hatte, war es so still, dass man das Fallen einer Stecknadel hätte hören können. Kein Atemzug war zu hören. Alle verharrten schweigend in Gedanken versunken.

Als die Testperson plötzlich aufstand und die banalen Worte sprach "So, jetzt ziehe ich mich erst einmal an und gehe nach Hause", sahen wir uns entgeistert an.
Wir konnten uns im ersten Moment einfach nicht vorstellen, dass sie über ihr Erlebtes nicht diskutieren wollte. Erst als sie im Nebenraum verschwunden war, eingewickelt in ihre Decke wie ein Schamane, wurde uns klar, dass sie gerade eine Sache erlebt hatte, die ihr garantiert den Nachtschlaf rauben würde.
Wir waren absolut fasziniert, aber über die Tragweite dessen, was an diesem Abend passierte, waren wir uns nicht im Geringsten im Klaren. Wir ahnten unbewusst, dass für uns eine Tür aufgestoßen wurde, die unser aller Leben tiefgreifend verändern würde.

Ohne noch viel zu sprechen, packten wir langsam unsere Sachen. An Aufräumen, wie es sonst gewöhnlich noch von uns gemacht wurde, dachte keiner mehr. Die Schilderung hatte uns zu stark bewegt.

ZWISCHENBILANZ

Am anderen Morgen trafen wir uns, wie verabredet, um 8.30 Uhr im Experimentierraum.
Keiner von uns war ausgeschlafen. Jeder hatte in dieser Nacht versucht, Argumente zu finden, die uns den Vorgang einleuchtend erklären würden.
Die ersten 2 Stunden war ein Für und Wider, ein Hickhack, ein Durcheinander, einfach nur ein Loswerden der Spannung, in der wir uns alle befanden.
Nach 2 Stunden fiel uns auf, dass die Testperson uns bis dahin nur zugehört und sich nicht mit einem Wort zu der Argumentation geäußert hatte.

Als sich einer von uns der Testperson zuwandte, die mit ihrem Bericht diese Unruhe ausgelöst hatte, und fragte "Was sagst Du denn dazu?", antwortete sie so, wie wir es von ihr gewohnt waren:
"Was bringt es uns jetzt, wenn wir hergehen und auslosen, wer als nächster den Platz in der Pyramide einnehmen soll. Das wäre nur etwas, um die Neugierde zu befriedigen. Wäre es nicht besser, wenn wir vorher

eine klare Analyse machen über das, was in der Pyramide abgelaufen ist?

Stellen wir uns lieber die Frage, welche Konsequenz das Ergebnis dieses Experimentes auf unser Denken hat.

Da die geometrische Form der Pyramide einem Medium, das sich innerhalb der Pyramide befindet, wie in all unseren Versuchen mit sogenannter toter und lebendiger Materie nachgewiesen, überschüssige nicht gebundene Myon-Neutrino`s entzieht, so müssen wir davon ausgehen, dass auch dem Menschen, der sich in einer Pyramide aufhält, Myon-Neutrino`s entzogen werden.

Die Frage stellt sich:

"Was könnte das für eine Kraft sein, die entzogen wird und die den Körper des Menschen subjektiv leichter erscheinen lässt?"

Erfahren zu können, ob er wirklich leichter wird, setzt voraus, dass wir das Gewicht der Versuchsperson vorher und nachher wiegen.

Die 2. Frage wäre, wenn wir den Aussagen der Person folgen, dass jeder Gedanke aus Myon-Neutrino`s besteht,

"Welcher Vorgang läuft im Gehirn der Testperson ab, wenn sie sich in der geometrischen Form der Pyramide befindet?"

Nach diesen paar Sätzen wurde uns klar, dass wir aus einer Träumerei aufgewacht waren und uns wieder auf realistischem Boden befanden.

Uns war klar, dass innerhalb der Pyramide nichts anderes existiert als die Moleküle, die sich in der Luft befinden, sowie die Myon-Neutrino`s, die nicht elementar gebunden sind.

In der Pyramide konnte nur der gleiche Vorgang ablaufen, so, wie ihn uns die Person als Ablauf im Myon-Neutrino erläutert hatte.

Die überschüssigen Myon-Neutrino`s, die der Mensch aus seinem Umfeld aufgenommen hat, werden durch den gesetzmäßigen Ablauf der Bewegung, die auch in unserer Modellpyramide existierte, über die Spitze aus der Pyramide in eine imaginäre Pyramide abgeleitet.

Es musste so sein.

66

Wird ein Molekulargebilde gleich welcher Art, in das aus der Umwelt ununterbrochen Myon-Neutrino`s eingestrahlt werden, eingestrahlt von den Formen, Farben und Geräuschen der Gegenstände, die die Molekularstruktur umgeben, genau in die Mitte der Kubus-Pyramide eingebracht, so werden die eingestrahlten Myon-Neutrino`s automatisch abgestrahlt und durch den gesetzmäßigen Bewegungsablauf in der Pyramide in die darüber befindliche imaginäre Pyramide eingestrahlt.
Über die 4 Diagonalen werden nach dieser Abstrahlung die Myon-Neutrino`s gleich Überdruck in die Kuben der Erd-Atmosphäre und Stratosphäre weitergeleitet.

Nachdem wir an diesem Punkt der Experimente angekommen waren, begannen wir, das, was uns die Person genau erklärt hatte, noch einmal gedanklich nachzuvollziehen.
Damit Sie den Vorgang und den Ablauf genau begreifen und ebenfalls gedanklich nachvollziehen können, möchten wir an dieser Stelle erklären, welchem Bewegungsablauf die Myon-Neutrino`s in dem Würfel und in der Pyramide unterliegen.

Übernehmen wir an dieser Stelle die phonografische Aufzeichnung der Person so, wie sie uns den Ablauf geschildert hat.
Angefangen von der Entstehung des Universums bis zur Erschaffung der Gedankenformen, die als Wesenheiten existieren und die von unseren Schöpfern in die Materie integriert wurden.

Bei Erklärungen der Person, bei denen Grafiken oder weitergehende Erklärungen nötig sind, um den genauen Ablauf zu verstehen, haben wir Schilderungen eingebracht, die das Gesagte verständlicher machen, aber nicht verändern.

Im folgenden Kapitel steht die Behauptung der Person, die sagte, sie sei eingeweiht in den Schöpfungsvorgang und von unseren Schöpfern beauftragt, die Erkenntnisse offen zulegen, damit der physische Mensch Kenntnis erhalte über den Sinn und Zweck seines Erdenlebens sowie über die beginnende Endzeit des physischen Menschen.

VIII.

Die BEHAUPTUNG
- Die ENTSTEHUNG unseres UNIVERSUMS

Unser Universum ist durch eine strukturierte Kraft entstanden, die sich nach einer Gesetzmäßigkeit in zwei auf der Spitze stehenden kubischen Pyramiden in Bewegung befindet und durch den gesetzmäßigen Bewegungsablauf sich selbst bewirkt.

In der folgenden Grafik ist dieses Teilchen einmal als geometrische Form dargestellt und einmal in der Form, in der es sich dynamisch bewegt und, bedingt durch seinen Bewegungsablauf, an den 8 Ecken Bindungskräfte bewirkt, die die unstrukturierte Ur-Masse in den Bewegungsablauf einbezieht und sie in strukturierte Myon-Neutrino`s umwandelt.

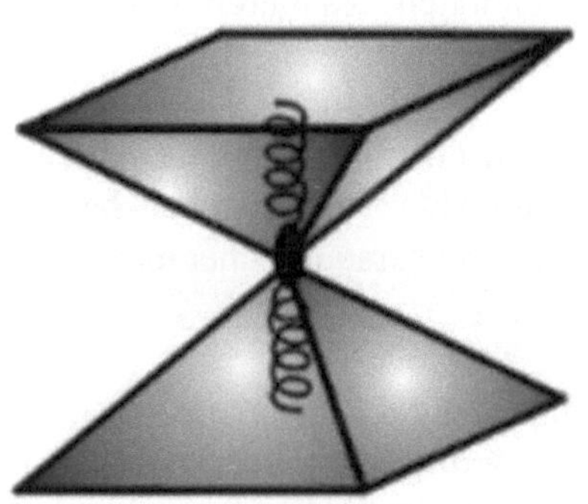

Statische Struktur

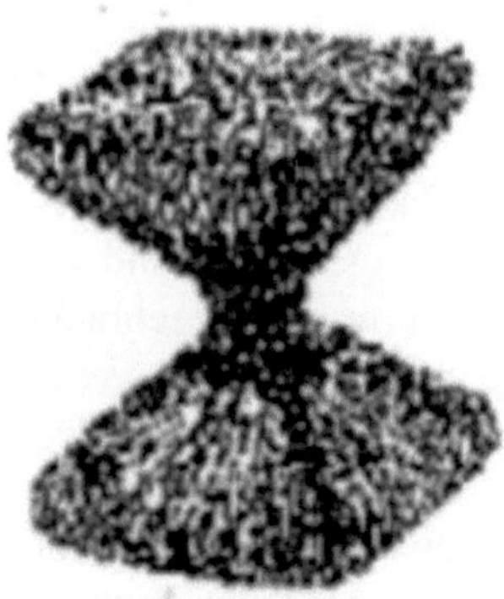

Dynamische Struktur

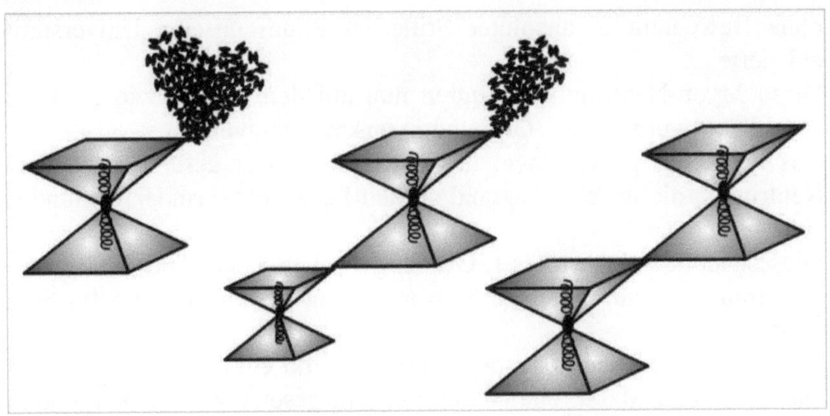

An dieser Grafik erkennen Sie, wie die Ur-Masse durch die Bindungskräfte in das Myon-Neutrino eingezogen wird. Der Bewegungsablauf im Myon-Neutrino bewirkt nunmehr, dass die eingezogene Ur-Masse in den gleichen Bewegungsablauf gebracht wird. Bedingt dadurch, dass die Größe des Myon-Neutrino`s nicht veränderbar ist, wird die eingestrahlte Ur-Masse an der entgegengesetzten Diagonale wieder abgestrahlt. Die abgestrahlte Ur-Masse befindet sich nunmehr selbst im gleichen Bewegungsablauf. Es entsteht ein neues Myon-Neutrino, das über die Diagonale und den Bindungskräften mit dem 1. Myon-Neutrino verbunden ist.

In der folgenden Grafik ist das Gebilde, das aufgrund dieses Ablaufes entsteht, soweit wie zeichnerisch möglich, dargestellt.

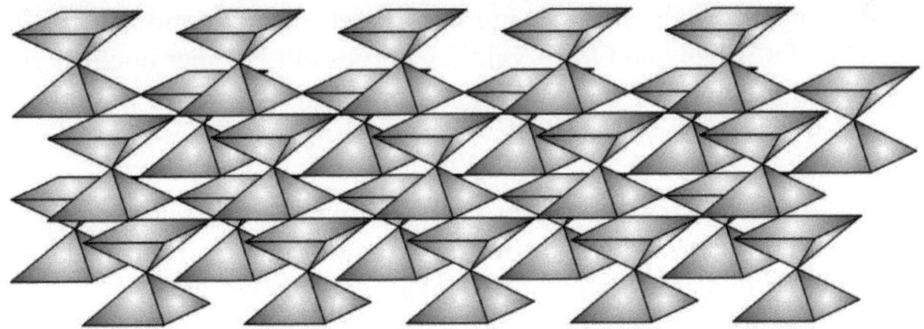

Aus einem Nachbar-Universum, von denen es unzählige im Raum der Unendlichkeit gibt, wurden Myon-Neutrino`s zur Ur-Masse unseres Universums eingestrahlt, die am Anfang der Zeit noch unstrukturiert ohne Bewegung in absoluter Stille im Raum unseres Universums existierte.

Diese Myon-Neutrino`s erzeugten nun auf dem Wege, wie er vorab geschildert wurde, die 1. Ordnung in unserem Universum.

Das heißt, der ganze Raum des Universums war gefüllt mit Myon-Neutrino`s, die jeweils diagonal an den Ecken miteinander verbunden sind.

Dieses Gebilde, das wir als 1. Ordnung des Universums bezeichnen, ist die Grundlage, auf der alles Sein aufgebaut ist und in der alles Sein existiert.

In der geometrischen Form der Pyramide wirkt ein Gesetzesablauf, der eine Kraft, eine Masse, einmal in Bewegung gesetzt, wie ein "Perpetuum mobile" immer in Bewegung hält.

Damit Sie diesen Ablauf gedanklich nachvollziehen können, möchten wir an einem Beispiel aufzeichnen, wie eine Kraft, Energie oder Geist, es ist gleich, wie Sie es bezeichnen, einmal in Bewegung gesetzt, sich selbst bewirkt.

Stellen Sie sich bitte gedanklich folgenden Ablauf vor. Genau in der Mitte zweier auf der Spitze stehenden Pyramiden befindet sich eine stark verdichtete Masse. Sagen wir einfach, Staubpartikel.

Sagen wir weiterhin als Beispiel, die verdichtete Masse der Staubpartikel besitzt eine Kraft, die die Staubpartikel kugelförmig so nach außen drückt, dass der verdichtete Mittelpunkt, den Sie sich als Kugel vorstellen müssen, immer größer wird.

In dem Moment, wo die kugelförmige Ausdehnung so groß ist, dass sie die jeweiligen 4 Seitenwände und den Boden der Pyramiden erreicht, wie es in der folgenden Grafik bildlich dargestellt ist, aber noch so viel Kraft besitzt, dass sich das Volumen um die gleiche Größe ausdehnen kann, tritt folgender Vorgang ein.

In dem Moment, wo sie in dieser kugelförmigen Ausdehnung an den 4 Seiten und auf dem Boden auftreffen, haben die Partikel nur noch die Möglichkeit, in die Boden- und Seitenkanten auszuweichen.

Eine weitere Ausdehnung führt automatisch zu einer Verdichtung in den 4 Bodenecken beider Pyramiden, da die Kraft die Partikel jeweils aus 3 Kanten in die Ecken drückt.

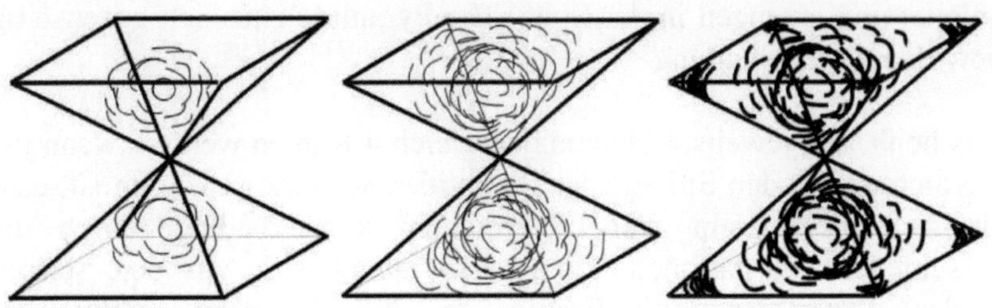

Ist weitere Kraft vorhanden, dann haben die Partikel nur noch die Möglichkeit, über die senkrechten Kanten gleich Diagonalen in die Spitzen der Pyramiden auszuweichen und erzeugen in der Spitze eine hohe Verdichtung.
Bei diesem bis dahin geschilderten Ablauf wurde folgender Vorgang, der für das Gesamtgeschehen wichtig ist, noch nicht mit einbezogen.

Die Partikel, die vom Boden her in die Bodenkante gedrückt werden, und die Partikel, die sich von den Seiten her in die Bodenkante ausdehnen, stoßen aufeinander und erzeugen dadurch automatisch zwei entgegengesetzte Rotationsabläufe.
Rotierend werden, jeweils von der Mitte der Kante aus gesehen, die Partikel von den nachfolgenden Partikeln nach rechts und links in die Ecken gedrückt.
Derselbe Vorgang läuft abgeschwächt in den Diagonalen ab. Von der Mitte der Diagonalen aus haben die Partikel im obersten Bereich die Möglichkeit, sich in die Spitzen auszudehnen.
Im untersten Bereich der Diagonalen werden die Partikel am Anfang in die Spitze der Bodenecken gedrückt und erzeugen da, wie schon gesagt, eine starke Verdichtung.

Werden durch die Kraft weitere Partikel in die verdichteten Bodenecken eingestrahlt, dann ist die Kraft der Partikel, die aus den zwei Bodenkanten in die Ecken einstrahlen, größer als die Kraft der Partikel, die aus dem untersten Bereich der senkrechten Diagonalen in die Ecken eingestrahlt werden.
Bedingt durch diese Gesetzmäßigkeit werden nunmehr die Partikel über die senkrechten Diagonalen, entgegengesetzt rotierend, in die Spitze

geleitet und erzeugen in der Spitze der Pyramide eine sich gegenseitig bewirkende Verdichtung.

Das heißt, aus jeweils 4 Diagonalen gleich 4 Kanten werden, wenn die Verdichtung in den Spitzen der Pyramiden so stark geworden ist, dass sie sich nicht mehr weiter verdichten kann, bedingt durch die verschiedenen Rotationen, die Partikel gleichzeitig aus den Spitzen beider Pyramiden spiralförmig in die jeweilige Mitte der entgegengesetzten Pyramide eingestrahlt.
Die eingestrahlten Partikel dehnen sich nunmehr genau so aus, wie in unserem Beispiel vorab beschrieben, und bewirken aufgrund der Gesetzmäßigkeit einen Bewegungsablauf, durch den sich die Partikel gegenseitig immer und ewig bewirken.
Im strukturierten Myon-Neutrino läuft dieser geschilderte Vorgang genau so ab.
Das, was in unserem Beispiel die Partikel sind, die sich in dem Bewegungsablauf befinden, ist im Myon-Neutrino die Kraft, die von uns als "Ur-Masse", von der Wissenschaft als "Bio-Plasma" und von den alten Weisen als "Chi " bezeichnet wird.

In der folgenden Grafik haben wir versucht, diesen dynamischen Ablauf der Bewegung, so weit wie zeichnerisch möglich, darzustellen.

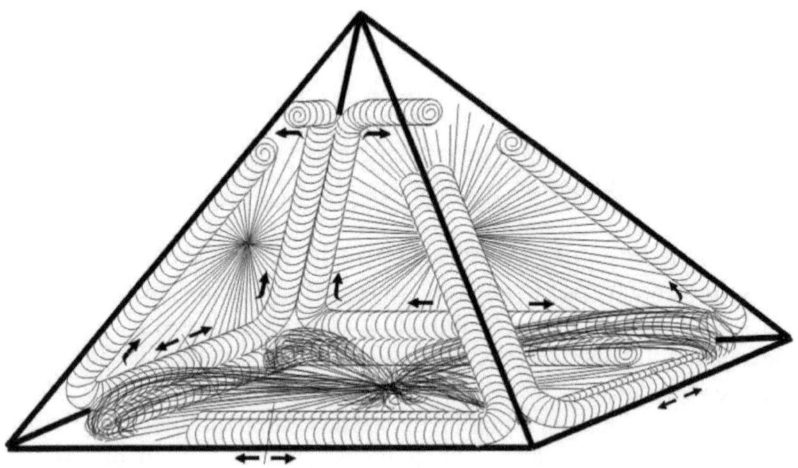

Die Eigen-Rotation der Kraft, die entsteht, wenn die Kraft in den Kanten aufeinander trifft.

Durch die Eigen-Rotation, die jeweils in den Kanten entsteht, wirkt an den 8 Ecken dieser 2 Pyramiden eine Kraft, die in der Lage ist, Ur-Masse sowie Myon-Neutrino`s anzuziehen.

Akzeptieren wir diesen Vorgang, stellt sich die Frage, "Was ist das für eine Kraft, die dynamisch in dieser Struktur alles Sein bewirkt?"
Sagen wir, es ist Geist, so ist das wiederum nur ein Begriff, der im Grunde genommen nichtssagend ist.
Es ist eine unerklärliche Kraft. Genauso unerklärlich wie Gott selbst.
Dass sie existent ist, das ist unbestreitbar.
Denn wäre am Anfang nichts da gewesen, dann hätte kein Schöpfer und kein physikalischer Ablauf etwas schaffen können.

Wenn wir sagen, es war am Anfang Nichts da, so muss Alles aus Nichts sein, und das Nichts, aus dem Alles ist, ist dann die Kraft, durch die alles Sein existiert.
Benutzen wir eine bekannte physikalische Größe, so ist diese Kraft eine physikalische Einheit, die im Grunde genommen jeder kennt.

Der DRUCK !

Die Kraft im Myon-Neutrino befindet sich immer und ewig in Bewegung. Aber was kann, egal ob im Mikro- oder im Makro-Bereich, Bewegung erzeugen?
Der Begriff, den wir für die Kraft benutzen, die Bewegung erzeugt, ist "Druck".
Nach den wissenschaftlichen Erkenntnissen wirkt Druck nur dann, wenn er auf ein Medium, also auf eine Fläche trifft.

Hinterfragen wir, was Druck für eine Kraft ist, erfahren wir, dass Druck = Sog   >> es ist beides das gleiche; Druck erzeugt Sog - und Sog erzeugt Druck <<   eine Kraft ist, die nur durch ihre Wirkung erkenn- und messbar ist.
Diese Aussage lässt erkennen, dass Druck im Grunde genommen auch für die Wissenschaft noch etwas Geheimnisvolles, Mysteriöses darstellt.

Denn kein Mensch auf der Welt kann erklären, aus welchem Stoff oder aus welcher Substanz die Kraft des Druckes ist.
Druck muss aber etwas sein, sonst würde er nicht die Kraft besitzen, Bewegung zu verursachen.

Akzeptieren wir, dass die Kraft des strukturierten Myon-Neutrino`s die gleiche Kraft ist wie Druck, dann gibt es in unserem physikalischen Sein nichts Unerklärliches mehr.

Das Druck das strukturierte Myon-Neutrino ist, werden wir an mehreren Beispielen im nachfolgenden so beweisen, dass Sie es mit dem Verstand nachvollziehen können.
Druck ist also eine Kraft, die dynamisch nur wirken kann, wenn sie in einem geschlossenen System gleich diesem Myon-Neutrino existiert.
Mit nichts anderem kann etwas anderes in Bewegung versetzt werden.

Der in diesem Kapitel bis hierhin geschilderte Ablauf, egal ob wir den Bewegungsablauf der Myon-Neutrino`s betrachten oder das 1. Gesetz der Ordnung im Kosmos, durch die das Universum entstanden ist, lässt erkennen, dass vom Mikro- bis in den Makro-Bereich alles in einer immerwährenden Bewegung ist.
In der östlichen Weisheitslehre wird dieser Vorgang der Bewegung, der in den Myon-Neutrino`s sowie im gesamten kosmischen Geschehen abläuft, symbolhaft durch 2 auch in der westlichen Welt bekannte Zeichen überliefert.
Eines dieser Zeichen ist das "Unendlichkeits-Zeichen", das symbolhaft den Bewegungsablauf der Myon-Neutrino`s klar erkennen lässt.
- Innen gleich Außen. –

In der folgenden Grafik ist das Unendlichkeitszeichen so dargestellt, wie es bekannt ist.

Damit Sie erkennen, dass dieses Symbol das Gleiche darstellt wie das Myon-Neutrino, müssen Sie sich die Form wie 2 Ballons vorstellen, wobei, da sich in der Mitte eine spiralförmige Drehung befindet, das oberste Äußere das unterste Innere und das unterste Äußere das oberste Innere bildet.
Das zweite Zeichen, das uns aus der östlichen Mystik bekannt ist, ist das "Yin &Yang -Zeichen".
Yin, das Feminine, Empfangende, Bewirkte,
Yang, das Maskuline, Gebende, Wirkende.
Dieses Zeichen stellt, nur in einer anderen Form, den gleichen Vorgang dar.

Die wenigsten Menschen haben begriffen, bedingt dadurch, dass man dem Wirkenden Yang, dem Maskulinen, allein alles Gebende zuschreibt und das Feminine, das Bewirkte, nur als den empfangenden Teil ansieht, dass das Männliche nicht das allein Gebende ist.
Gehen wir mit uns ins Gericht, müssen wir zugeben, dass diese dümmliche und darüber hinaus unüberdachte Meinung im Grunde genommen daran schuld ist, dass sich das sogenannte Patriarchat weltweit ausbreiten konnte.

Denkt man jetzt bei dem Gesagten genau darüber hinaus nach und akzeptiert das hier Vorgelegte, muss jedem klar werden, dass eine Dominanz Maskulin-Feminin in den Gesetzen der Natur nicht existiert.
Das Feminine, das Weibliche, ist genauso das Wirkende, das Gebende, wie das Männliche das Bewirkte, Empfangende ist. Für uns Menschen bedeutet das, klar ausgedrückt:
Ohne Weibliches nichts Männliches, ohne Männliches nichts Weibliches.

Wenn Sie am Ende des Buches sind, werden Sie klar erkennen, dass nicht das Maskuline oder Feminine in irgend einer Form den Ausschlag gibt, sondern das beide zusammen das **ES** bewirken, unsere Wesenheit und das, was unser Sein bestimmt.
Nur beide zusammen bewirken den naturgegebenen Zustand, aus dem alles Sein entsteht.

Fassen wir das Gesagte kurz zusammen:

Aus der Diagonale eines Universums ist durch einen Überdruck, zum Beispiel ein chaotisches Geschehen, Druck gleich Myon-Neutrino`s in die ruhende Ur-Masse unseres Universums eingestrahlt worden und erzeugte automatisch nach dem vorab beschriebenen Gesetzesablauf die 1. Ordnung, auf deren Grundlage alles Sein in unserem Universum existiert.
Der Druck, der eingestrahlt wurde, kann nur aus Myon-Neutrino`s bestanden haben und kann auch nur die gleiche Größe von Myon-Neutrino`s als geschlossenes System erzeugen.

Das heißt, eine reine physikalisch definierte Kraft hat, nicht mehr unerklärbar gleich Gott, die 1. Ordnung in unserem Universum erschaffen.
Sollten Sie jetzt hinterfragen und sagen, "Wenn es so war oder so ist, wie es hier geschildert steht, WER hat dann diese unzähligen Mengen an Universen erschaffen, vorausgesetzt, sie existieren, und die erste Strukturierung der Myon-Neutrino`s bewirkt?", kann die Antwort nur lauten: "Gott - das Unerklärliche der Schöpfung."

"Gott" ist nur ein Wort, ein Begriff, mit dem das
"UNERKLÄRLICHE der SCHÖPFUNG"
umschrieben wird.
Es ist gleich, ob wir die Worte "Gott, Allah, Manitu" oder die Begriffe der Wissenschaft "Ur-Knall oder Zufall" verwenden.
Diese Worte stehen immer nur für das Unerklärliche, das die Entstehung sowie die Schöpfung selbst beinhaltet.
Dass der Mensch "Gott" personifizierte, liegt einfach an der Tatsache, dass er mit seinem Verstand nicht in der Lage ist, sich gedankenbildlich vorzustellen, dass ein ES oder ein anderes Wesen, das nicht zumindest

gleich ist wie er selbst, "die Krönung der Schöpfung", nach dem Bilde Gottes geschaffen, etwas erschaffen kann.

Durch das Nichterkennen, WER die Schöpfung bewirkt hat, ist ihm eine Grenze des Denkens gesetzt.

Dass er IST, sagt ihm sein Verstandes-Denken. Auch das er nur, gleich wie die Schöpfung selbst, erschaffen wurde.

Aber wie schon gesagt, sein Verstandes-Denken, das auf der Grundlage des Raum-Zeit-Denkens funktioniert, hindert ihn daran, seinen Schöpfer zu erkennen.

Er besitzt nicht die Vorstellungskraft, sich gedankenbildlich vorzustellen, dass er als Gedankenform gleich Wesenheit erschaffen und nur zeitbedingt in die Materie integriert wurde und nur während seines Erdenlebens einen physischen Körper besitzt.

Da ihm bis heute jede Grundlage fehlte, war es ihm auch nicht möglich sich vorzustellen, dass alles Sein, das Formen besitzt, so wie wir sie in der Natur und als selbst geschaffene Formen in unserer Umwelt mit unseren 5 Sinnen erkennen, Gedankenformen sind = Wesenheiten.

Es fällt ihm auch schwer sich vorzustellen, dass wir Menschen Gedankenformen = Wesenheiten sind, die von unseren Schöpfern, die gleich wie wir in einem kubischen Gebilde existieren, gedacht wurden.

Gedacht gleich dem Bild unserer Schöpfer und ausgestattet gleich unseren Schöpfern, unseren Vätern, mit der Kraft der Gedanken, selbst in der Lage, Gedankenbilder gleich Wesenheiten zu schaffen.

Es ist gleich, welche möglichen Theorien Sie jetzt noch an das Niedergeschriebene anhängen.

Am Anfang allen Seins steht immer Gott. Gott, der für uns Menschen immer unerklärlich bleiben wird.

Sollten Sie auf die Idee kommen und sagen, "Die Behauptung, dass unser Universum durch die eingestrahlten Myon-Neutrino`s eines Nachbar-Universums erschaffen wurde, ist an den Haaren herbeigezogen," so können wir Ihnen nur zur Antwort geben, "Nehmen Sie es einfach als Hypothese."

Wenn Ihnen das nicht ausreicht, dann sagen Sie einfach, "Gott selbst hat auf diesen Wege unser Universum erschaffen."

Gehen wir zurück zu der Ordnung, die am Anfang in unserem Universum im Mikro-Bereich entstanden war.
Der aus unseren Nachbar-Universen eingestrahlte Druck gleich Myon-Neutrino`s erzeugte also eine 1. Ordnung im Bereich der Myon-Neutrino`s in unserem Universum.

Als diese Ordnung hergestellt war und ein 2. Druckstrahl über die Diagonale aus einem Universum in die vorhandene Ordnung der Myon-Neutrino`s eingestrahlt wurde, entstand ein Chaos, das innerhalb der Myon-Neutrino`s das Universum in der Form erzeugte, wie es im Großen und Ganzen heute noch erkennbar ist.

Bezeichnen wir den Moment, an den die Ordnung im Kosmos erschaffen war, als Stunde 0 und stellen uns die Frage, wie sich in dieser Ordnung der Myon-Neutrino`s das entwickeln konnte, was wir als "Sonne, Sterne und Planeten bzw. als Himmel und Erde" bezeichnen.

An der folgenden Grafik erkennen wir, dass die 2 auf der Spitze stehenden kubischen Pyramiden gleich Myon-Neutrino`s, die an den Ecken jeweils miteinander verbunden sind, wenn wir die Ecken der 2 Pyramiden jeweils mit Senkrechten verbinden, wie in der folgenden Grafik dargestellt, die Struktur der 1. Ordnung der Myon-Neutrino`s würfelförmig ausgebildet ist.

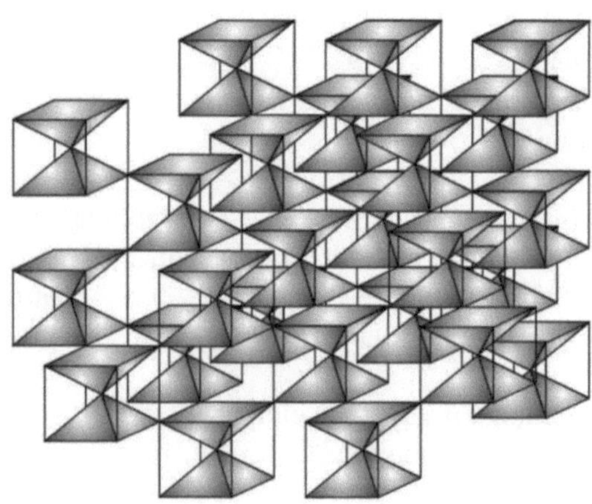

Jeder Würfel hat als Würfelinhalt einen Kubus von 1 Myon-Neutrino gleich 2 Pyramiden sowie einen Leerraum, in dem 2 weitere Myon-Neutrino`s gleich 4 kubische Pyramiden Platz finden.
Die zwischen diesen Würfeln entstehenden Hohlräume bestehen wiederum aus einem geschlossenen System, das wesentlich anders aufgebaut ist als das System der 1. Ordnung, in der sich die Myon-Neutrino`s befinden.

An der folgenden Abbildung können Sie klar erkennen, dass dieses 2. System aus Würfeln besteht und eine ganz andere Ordnung darstellt.
Die Würfel des 2. Systems sind einmal diagonal miteinander verbunden und besitzen zusätzlich waagerechte und senkrechte Verbindungen, die bis an das Ende des Universums reichen.

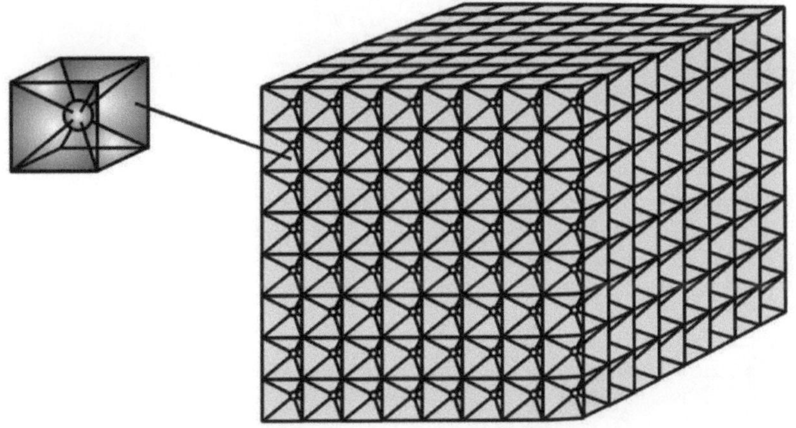

Jedes Myon-Neutrino ist gleichzeitig der kubische Inhalt eines Würfels des 1. Systems.
Ausgehend von der Ordnung dieser Struktur besitzt die nächstgrößere Würfel-Einheit 27 Würfel.
9 Würfel-Einheiten, die als kubischen Inhalt je 1 Myon-Neutrino besitzen, zählen zum 1. System.
Es ist das System, in dem die Wesenheit existiert und in dem die Myon-Neutrino`s gespeichert werden, die holografisch in sich in der Kraft die Gedankenform tragen.

Die restlichen 18 Würfel-Einheiten, die ohne jeglichen Inhalt sind, sind das 2. System.
Es ist das System, in dem unsere Schöpfer durch die Myon-Neutrino`s der Elemente den physischen Körper des Menschen integriert haben.
Die Zusammenhänge werden im nachfolgenden noch genau erläutert.

In der folgenden Grafik ist die Grundwürfel-Einheit bildhaft so dargestellt, dass Sie das Gesagte nachvollziehen können.

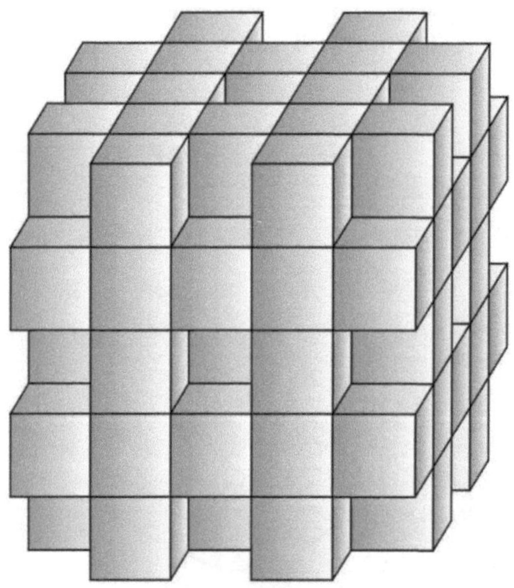

An dieser Grafik, in der ein Ausschnitt des 1. und 2. Systems dargestellt wurde, erkennen Sie ganz klar, dass die leeren Würfel, in denen das physische System des Menschen integriert ist, an allen Seiten ein Kreuz bilden.
Es sind die Würfel, die unsere Schöpfer benutzten, um die Wesenheit zum sterblichen Menschen zu machen, was, wie bereits gesagt, später noch eingehend erklärt wird.
In ihnen läuft all das ab, was wir als "Regelkreise" des physischen Körpers bezeichnen.
Es ist das Kreuz, das der Mensch zu tragen hat.

Die jeweils mit 1 Myon-Neutrino gefüllten Würfel, in denen die Myon-Neutrino`s gespeichert werden, in denen unsere Gedankenformen als Inhalt existieren, zählen mit zu dem Kreuz, das der Mensch zu tragen hat.
In der nachfolgenden Abbildung ist das Kreuz so dargestellt, dass Sie es klar erkennen können.

Das System der 1. Ordnung sowie das System der 2. Ordnung ist die Grundlage, durch die alles Sein existiert.
Im System der 1. Ordnung existiert die Wesenheit, und es ist der Speicher für die Myon-Neutrino`s, in denen holografisch die Gedankenformen als Form den Bewegungsablauf und damit die Bindungskräfte bestimmen.
Das System der 2. Ordnung ist der Bereich, in dem unsere Schöpfer alle physischen Formen integrierten, die wir physischen Menschen mit unseren 5 Sinnen als Materialisation gleich Verdichtung in unserer physischen Welt wahrnehmen.
Diese Gesamt-Ordnung existiert vom Mikro- bis in den Makro-Bereich.
Beide Systeme besitzen absolut verschiedene Strukturen.

Um den weiteren Ablauf der Entstehung des Universums verstandesmäßig zu erfassen, haben wir im nachfolgenden eine Grafik eingefügt, an der Sie folgenden Vorgang erkennen können.

Wie schon erklärt, ist unser Universum vom Mikro- bis in den Makro-Bereich würfelförmig aufgebaut.
Eine Behauptung, die heute auch von verschiedenen Wissenschaftlern vertreten wird.

Nehmen wir zum Beispiel einen Würfel, sagen wir, mit einer Seitenlänge von 100 cm, so befinden sich in diesem Würfel, wenn wir ihn wiederum würfelförmig aufteilen, 8 Würfel mit einer Seitenlänge von 50 cm. Teilen wir einen dieser 8 Würfel wiederum auf, so besitzt er als Inhalt wieder 8 Würfel mit einer Seitenlänge von 25 cm.

Setzen wir diese gedankliche Vorstellung immer weiter fort, so erhalten wir am Ende eine Würfelgröße im Mikro-Bereich, deren Inhalt als nicht mehr teilbare Größe 3 Myon-Neutrino`s gleich 6 Pyramiden aufweist.

Eine zeichnerische Darstellung finden Sie in der folgenden Grafik.

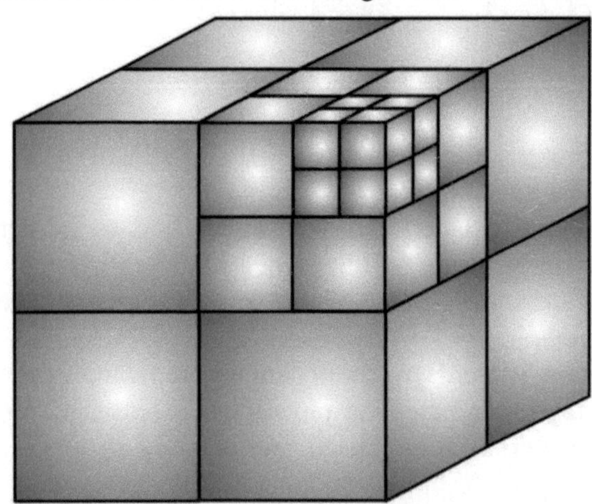

In diese vom Makro- bis in den Mikro-Bereich existierende Ordnung, die alten Weisen bezeichnen sie als "Globales Gitternetz", strahlte, wie vorhin angesprochen, zum zweiten Mal aus den Nachbar-Universen

Druck gleich Myon-Neutrino`s ein und erzeugte innerhalb dieses globalen würfelartigen Aufbaus ein Chaos, aus den eine neue Ordnung hervorgegangen ist.
Ein Vorgang, der wiederum nur nach einer vorgegebenen Gesetzmäßigkeit in verschiedenen Würfelgrößen des globalen Gitternetzes, das die Ordnung darstellt, ablaufen kann.

Die Myon-Neutrino`s, die gleich Druck nunmehr aus dem Nachbar-Universum in die 1. Ordnung unseres Universums eingestrahlt wurden, erzeugten gleich einer mechanischen Kraft ein chaotisches Geschehen, das eine neue Ordnung entstehen ließ.
Eine Ordnung, in der unser jetziges Universum in der heutigen Form entstanden ist.
Wir haben hier zum ersten Mal das Wort "mechanische Kraft" benutzt.
Eine mechanische Kraft - wir gehen im nachfolgenden noch näher darauf ein - kann keine Formen, auch nicht die Form des Menschen, erschaffen.
Eine mechanische Kraft kann nur ein chaotisches Geschehen erzeugen, das, nachdem die Kraft ihre Wirkung verloren hat, wieder in die vorherige Ordnung zurückfällt oder eine neue Ordnung entstehen lässt.

Für den Vorgang, den wir im nachfolgenden schildern werden, können wir den wissenschaftlichen Begriff "Ur-Knall" benutzen.
Es ist gleich, ob wir den wissenschaftlichen Begriff "Ur-Knall" statt "Gott" verwenden.
Beides stellt eine Grenze dar, die wir Menschen mit unserem Verstand nicht überschreiten können.

Wenn der Ur-Knall verantwortlich ist für die Entstehung des Universums, so stellt sich hier genauso die Frage wie bei Gott, "Wer oder was hat diese Schöpfung bewirkt?"
Von allein kann keine Bewegung entstehen. Es muss immer ein Auslöser da sein, eine Ur-Sache.
Sagen wir einfach, "um Allen gerecht zu werden, der Ur- Knall war das Eindringen der Myon-Neutrino`s aus unserem Nachbar-Universum".

Dieser Ur-Knall bewirkte in der 1. Ordnung unseres Universums ein chaotisches Geschehen dahingehend, dass das gesamte Universum in verschiedene Würfelgrößen aufgeteilt wurde.

Zum Beispiel, um die kosmologischen Ausdrücke zu verwenden, in Galaxien, in Sonnen- und Planeten-Systeme sowie in Würfelgrößen, deren Mittelpunkt jeweils ein Planet ist.

In diesen verschiedenen Würfelgrößen wurden die Myon-Neutrino`s in den gleichen Bewegungsablauf versetzt, wie sich die Kraft im Myon-Neutrino`s bewegt.

Verdeutlichen wir uns das Geschehen wiederum an einem Beispiel.

Nehmen wir als Beispiel unseren Erd-Kubus und sagen, der Würfel unseres Erd-Kubus hat eine Seitenlänge von je 100.000 km.

Dieser Würfel hat, bedingt durch die Myon-Neutrino`s, wie in der nachfolgenden Grafik zu erkennen, 4 Hauptdiagonalen, die diesen Würfel indirekt in 6 Pyramiden aufteilen, die mit Myon-Neutrino`s gefüllt sind.

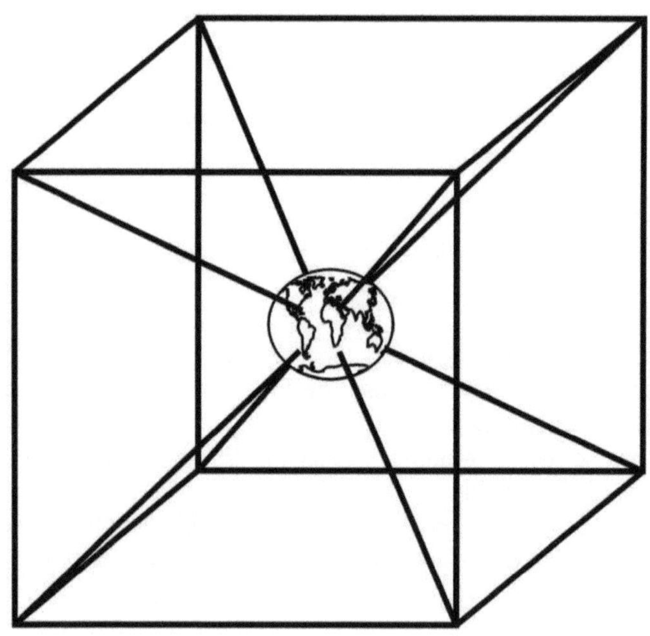

In dem Moment, wo der mechanische Druck, bestehend aus Myon-Neutrino`s, in unseren zukünftigen Erd-Kubus eingestrahlt wurde, bewirkte er in der absoluten Ruhe, in der die Myon-Neutrino`s in der 1. Ordnung, sich selbst bewirkend, existieren, ein Chaos.
Dieser eingestrahlte mechanische Druck gleich Überdruck bewirkte, dass alle Myon-Neutrino`s, die in dem Erd-Kubus vorhanden waren, in den gesetzmäßigen Ablauf der Bewegung, die in einer Pyramide vorgegeben ist, gleich der Bewegung der Kraft in den Myon-Neutrino`s, gebracht wurden.

Dieser Vorgang lief nunmehr in den 6 imaginären Pyramiden des Erd-Kubus ab.
Nachdem der Überdruck die Myon-Neutrino`s des Erd-Kubus in die Bewegung versetzt hatte, verdichteten sich die Myon-Neutrino`s in den Spitzen der 6 Pyramiden und wurden aus den 6 Spitzen in den Mittelpunkt eingestrahlt.
Die aus 6 Richtungen in der Mitte eingestrahlten Myon-Neutrino`s erzeugten nunmehr in der Mitte des Kubus eine Verdichtung, die nach 6 verschiedenen Richtungen unpolar rotierte.

Werden weitere Myon-Neutrino`s in die Mitte eingestrahlt, so werden diese nach dem gesetzmäßigen Ablauf, der durch die Rotation bewirkt wird, spiralförmig aus der rotierenden Verdichtung entweder in die jeweils gegenüberliegende Pyramide oder in eine der übrigen 4 Pyramiden durch die Spitzen in die Mitte der Pyramiden eingestrahlt.
Indirekt läuft nun der gleiche Vorgang ab wie im geschlossenen System der Myon-Neutrino`s.

Auf diesen Wege entstanden innerhalb unseres Universums kubische Gebilde, die diagonal miteinander verbunden sind und deren Mittelpunkte Sonnen oder Planeten darstellen.

Größere Einheiten dieser kubischen Gebilde sind die Einheiten, die wir als "Galaxien" bezeichnen.
Fassen wir einmal das Geschriebene kurz zusammen, so erkennen wir, dass die Inhalte der Würfel, also der Kubus, von der Dichte her gesehen, 3 Bereiche aufweisen:

-     einen unpolarisierten Mittelpunkt,
-     eine starke Verdichtung, die den Mittelpunkt in den Spitzen der Pyramiden umgibt und außerdem
-     Myon-Neutrino`s im obersten Bereich, der durch das Gesetz der Bewegung in der Pyramide den Druck in den Spitzen der Pyramide verursacht
-     In unserem Erd-Kubus ist der Mittelpunkt der Ur-Zustand der Erde, die am Anfang, gleich einer Sonne, gasförmig flüssig war.
-     Die Verdichtungen in den Pyramiden-Spitzen sind das, was wir heute als "Atmosphäre" bezeichnen.
-     Die Myon-Neutrino`s, die im obersten Bereich der Pyramiden wirken, sind der Bereich der "Stratosphäre".

Sagen wir nunmehr, dass, bedingt durch den Gesetzesablauf, auf diesem Wege zuerst die Gebilde entstanden, die jeweils der Mittelpunkt verschiedener Größen von Kuben sind.
In der folgenden Grafik haben wir diese Ur-Schöpfung noch einmal in der Form dargestellt, wie die Schöpfung im Universum abgelaufen sein muss.

Der kubischen Darstellung des Universums haben wir eine Haupt-Sonne zugeordnet, die der Auslöser für das weitere Geschehen, das im Folgenden geschildert wird, gewesen sein kann.

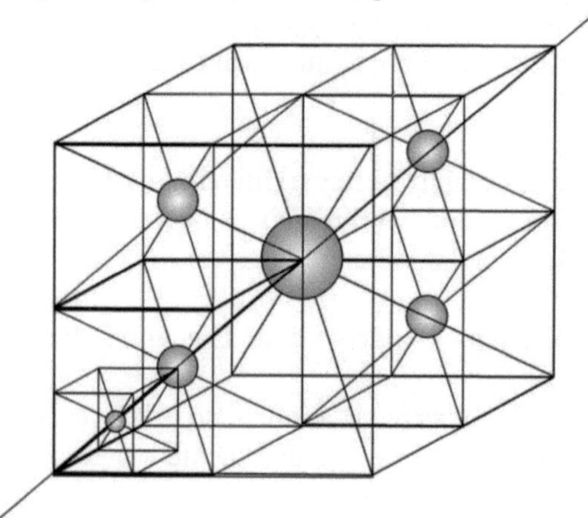

Welche Kraft verursachte nunmehr, dass der verdichtete Mittelpunkt des Erd-Kubus, bleiben wir bei unserem Beispiel, sich so stark verdichtete, dass wir ihn mit unseren 5 Sinnen als feste stabile Masse, bestehend aus Elementen und Molekülen, wahrnehmen können?
Ein einfacher Vorgang, der von jedem mit seinem Verstand gedanklich nachvollzogen werden kann.

In dem so existierenden Kubus der Erde wurde über eine Diagonale des Kubus aus irgendeinem Grund - die Entstehung kann vielfältig sein - Druck gleich Myon-Neutrino`s in der Erd-Kubus neu eingestrahlt.
Dieser Überdruck von Myon-Neutrino`s, aus einer Pyramide in den Mittelpunkt eingestrahlt, versetzte nunmehr den verdichteten Mittelpunkt des Erd-Kubus, der sonst gleichmäßig aus 6 Pyramiden-Spitzen bewirkt wurde, in eine Rotationsbewegung, was dazu führte, dass der Mittelpunkt polarisiert wurde.
Die Rotation eines kugelförmigen Gebildes in eine Richtung erzeugt Polarität.
Gleichzeitig erzeugte sie aufgrund ihrer Fliehkraft in der Mitte der Rotation, wir bezeichnen diesen Punkt als "Äquatorlinie", eine Verdichtung dahingehend, dass Elemente entstanden, die als Materie die 1. Erdplatte gleich Erdrinde erzeugten.

Als 1. Verdichtung entstand nach dem gleichen Gesetzesablauf das Element, das im Periodensystem der Elemente an 1. Stelle steht und der überwiegende Bestandteil der gasförmigen und stofflichen Materie ist, das Element (H) Wasserstoff.

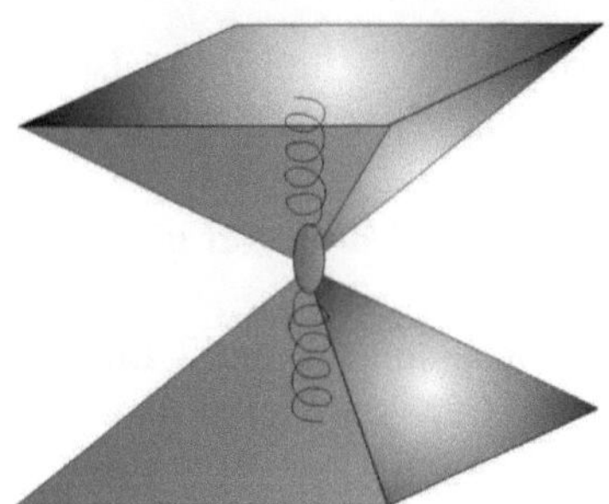

Das Element = Atom (H) Wasserstoff, das nur 1 Proton und 1 Elektron aufweist, da es im Grunde genommen nur ein vergrößertes Myon-Neutrino ist, in dem das Gesetz wirkt, ist das Element, aus dem sich alle anderen Elemente durch ihre Bindungsmöglichkeiten entwickelt haben. Wie schon beschrieben, kann dieses 1. Element kein Neutron besitzen, da sich die Myon-Neutrino`s in diesem Element spiralförmig von einer Pyramide in die gegenüberliegende bewegen.

Erst wenn durch mechanischen Druck 1 (H) Wasserstoff-Atom über die Diagonalen mit einem größeren Druck in 1 Pyramide eingestrahlt wird, dann geht dieser Überdruck in der Mitte nach rechts und links bzw. nach unten und oben, aus der Sicht des Betrachters gesehen, aus dem 1. Wasserstoff-Atom heraus und bildet, insgesamt gesehen, 4 Pyramiden-Einheiten, die nunmehr von 4 Seiten ihren Druck in die Mitte einstrahlen.

Es ist der Vorgang, durch den das 2. Element (He) Helium entsteht.

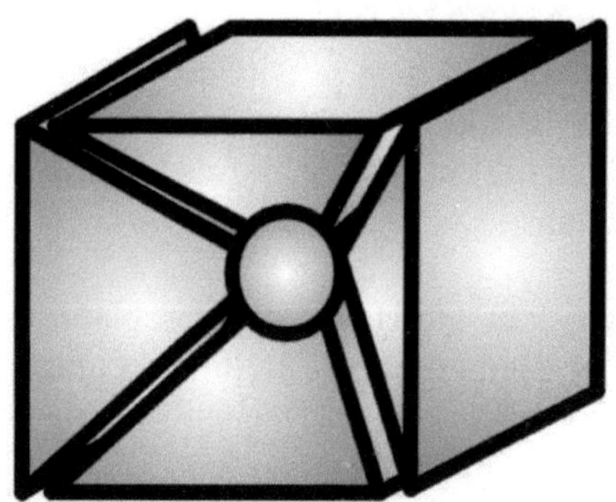

Der in der Mitte entstandene 4-fach rotierende Mittelpunkt ist das Neutron, das, von der Atom-Masse her gesehen, als "2 Neutronen" bezeichnet wird.

Die Verdichtungen in der Spitze ergeben, von der Masse her gesehen, " 2 Protonen ".

Die verdünnten Einheiten der Pyramidenoberteile sind die 2 Energie-Einheiten, die, wieder von der Masse her gesehen, nach der Rechenweise der Physik, "2 Elektronen" darstellen.

Wird wiederum eine Energie-Einheit (H) Wasserstoff durch Überdruck, der Physiker bezeichnet diese Kraft auch als Ionisations-Energie, über eine Diagonale in das Element (He) Helium eingestrahlt, so entsteht das 3. Element im Periodensystem, das Atom (Li) Lithium.

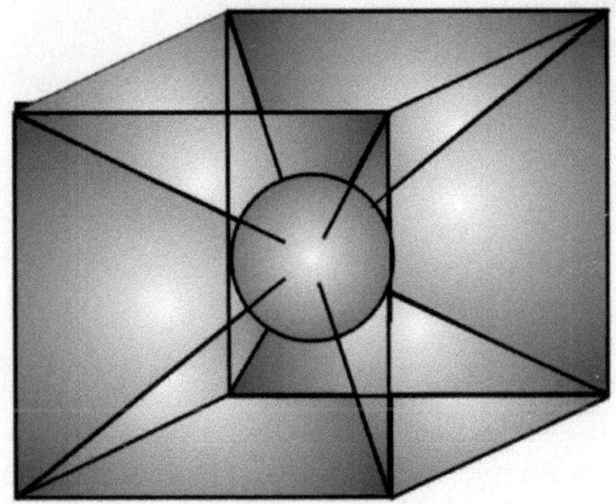

Lithium wird von den Physikern und Chemikern als "Alkalimetall" bezeichnet. Es ist das leichteste Teil der festen Elemente bei normaler Temperatur und in Wasser schwer löslich.
Als Isotop (6 Li) Lithium-deuterit wird dieses Element bei der Herstellung von Wasserstoffbomben verwendet.
In der Medizin wendet man diese 1. kubische Gesamt-Einheit (Lithium-Salz) als Nervenberuhigungsmittel, in der Verbindung als Lithium-Karbonat gegen Gicht sowie zur Behandlung der Krankheitsbilder des rheumatischen Formenkreises und in der Verbindung als Lithium-Citrat zur Behandlung manischer Zustände an.

Lithium ist also die 1. kubisch geschlossene Einheit.
Dieses Element besitzt als Atom einen kompletten kubischen Inhalt, vergleichbar im Makro-Bereich mit dem Kubus der Erde.

Es würde den Rahmen dieses Buches sprengen, die Bindungen aller Elemente aufzuführen.
Das, was eventuell in diesem Bereich noch wissenswert ist, ist zum Beispiel, dass das 6. Element, der (C) Kohlenstoff, sich aus 2 kompletten kubischen Einheiten aufbaut.

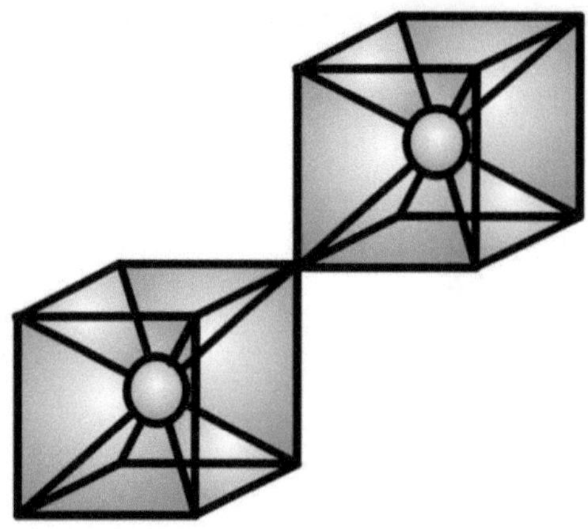

An dieser Stelle möchten wir Ihnen im nachfolgenden ein Foto vorlegen, das das gesamte Modell-Denken der Physik auf den Kopf gestellt hat.
Da aber zurzeit kein Physiker dieser Welt die Grundlage besitzt, diese Atom-Formen einzuordnen, erzeugte es nur ein Erstaunen.
Die Aufnahme zeigt die Teile eines Atoms, das in einem Tunnel-Raster-Mikroskop fotografiert worden ist.

Wenn diese pyramidenartigen Gebilde, deren Verbindungen in den Zwischenteilen noch erkennbar sind, zweidimensional dargestellt, sich so verändert haben, dass man das Atom in seiner Bindung, wie wir es beschreiben, nicht klar erkennen kann, dann hat das nur einen einzigen Grund.

90

Die Kraft, die während des Fotografiervorgangs automatisch in das Atom eingestrahlt wird, verändert den Zustand in die Form, wie Sie sie jetzt bildlich wahrnehmen. Ein normales Geschehen - leider!
In dem Moment, wo wir in der Lage sein werden, auf diesem oder einem anderen Weg ein Atom sichtbar zu machen, so, dass es nicht verändert wird, wird jeder erkennen, dass der Aufbau und die Bindung der Elemente genauso sind, wie wir versuchen, sie mit unseren Worten zu beschreiben, und so, wie wir sie als Modell gesehen und nachgebildet haben.

Andere Fotos, die existieren und von denen Kopien in unserem Besitz waren, sind uns auf mysteriöse Weise abhandengekommen, nachdem wir einer kleinen Gruppe von Menschen, führenden Wissenschaftlern, führenden Politikern und führenden Leuten aus der Wirtschaft den Gesamtkomplex der Schöpfung sowie den Sinn und Zweck des Erdenlebens mit beweisführenden Beispielen erklärt hatten.

Das abgebildete Foto in Verbindung mit der Erklärung der ersten 3 Elemente müsste eigentlich schon ausreichen, auch bei einem sogenannten absoluten Dogmatiker den Gedanken aufkommen zu lassen, dass das, was hier niedergeschrieben steht, vielleicht doch überdenkbar ist und nicht in den Bereich der Utopie gehört.

Da die Elemente (N) Stickstoff und (O) Sauerstoff, das 7. und 8. Element im Periodensystem, wesentlich andere Bindungen bzw. Strukturen aufweisen, glauben wir, dass es angebracht ist, ganz kurz diese Bindung grafisch so darzustellen, dass Sie sich ein Bild davon machen können.

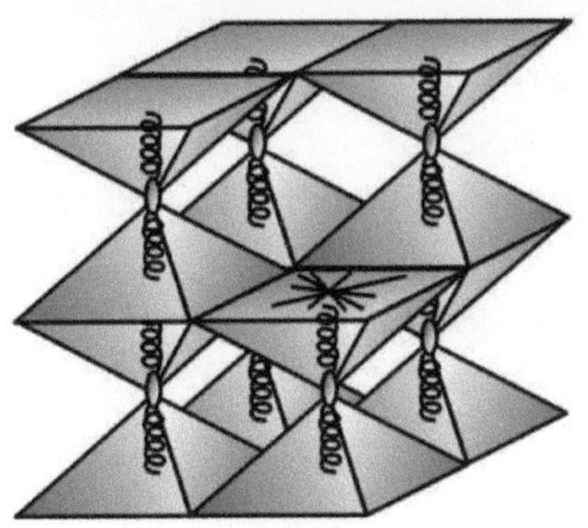

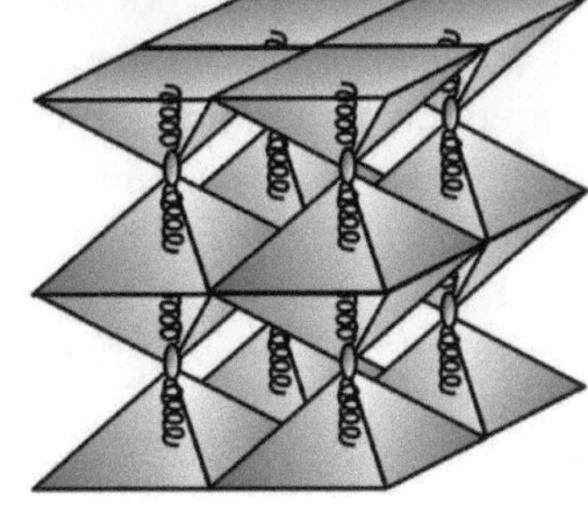

(N) Stickstoff   (O) Sauerstoff

Der (N) Stickstoff, das Element, das zu 78% in unserer Atemluft enthalten ist,
(unsere Atemluft besteht aus circa 78% (N) Stickstoff, circa 21% (O) Sauerstoff und circa 1% Edelgase)
ist das Element, von dem die Wissenschaft heute noch nicht weiß, warum es zu 78% in unserer Atemluft enthalten ist und welchen Nutzeffekt es für das physiologische System des Menschen besitzt.
Nach unseren Erkenntnissen ist es das wichtigste Element für das lebendige System des Menschen.
Aufgrund seines bindungsmäßigen Aufbaues ist es das Element, das den überflüssigen (C) Kohlenstoff, den der Mensch als (CO_2) aus der Lunge ausscheidet, als Transportelement, angekoppelt an das (CO_2), aus dem Körper des Menschen abtransportiert.
Außerdem ist es der Transporteur für alle Sorten von Edelgasen, die der Mensch in seinem 2. System, in seinen physischen Regelkreisen, nicht verwerten kann bzw. die ihm schaden.
Wenn wir diesen Weg weiterverfolgen, so erkennen wir, dass unsere Schöpfer das 2. System in den Wesenheiten der Menschen und Tiere physikalisch so aufgebaut haben, dass diese Wesenheiten nur gemeinsam mit den Pflanzen und Bäumen existieren können.

Bei den Pflanzen und Bäumen haben unsere Schöpfer das physische System so aufgebaut, dass die Pflanzen und Bäume ihre Myon-Neutrino`s, die sie für ihre Regelkreise und Transportsysteme benötigen, aus den Mineralstoffen der Mutter Erde erhalten.
Um das physische System ihrer Wesenheit zu füllen, benötigen sie keine anderen Elemente als der Mensch selbst:
(H) Wasserstoff, (O) Sauerstoff + (C) Kohlenstoff.
Wasserstoff und Sauerstoff erhalten sie teilweise aus der Atemluft, aber zum überwiegenden Teil aus dem Wasser, das sie über ihre Regelkreise gleich Wurzeln der Erde entziehen.
Den Kohlenstoff, den sie für den Aufbau gleich Wachstum ihres physischen Systems benötigen, erhalten sie ausschließlich aus der Atemluft.
Das (CO_2), 1 Atom Kohlenstoff und 2 Atome Sauerstoff, das der Mensch ausatmet, nimmt die Pflanze in Verbindung mit dem (N) Stickstoff, dem Transport-Element, das zum Beispiel der Mensch ausatmet, über ihre Blätter auf.

Innerhalb ihres Regelkreises spaltet sie den Sauerstoff vom Kohlenstoff ab und verwendet den Kohlenstoff zum Aufbau gleich Wachstum ihres biologischen Systems.

Der Sauerstoff wird in überwiegendem Maße wieder über die Regelkreise in die Atemluft, also in die Atmosphäre abgegeben, da er innerhalb der Regelkreise der Pflanze nicht in Myon-Neutrino`s aufgespaltet werden kann.

Da Pflanzen und Bäume nicht die Kraft der Gedanken besitzen, benötigen sie auch keine Myon-Neutrino`s für ihren Gedankenkörper.

Dadurch, dass die Pflanzen und die Bäume als Wesenheit das System des Gedankenkörpers besitzen, durch den sie erst existent werden, haben sie jedoch die Möglichkeit, auch wenn sie die Kraft der Gedanken nicht haben, Gedankenformen gleich Myon-Neutrino`s in diesem System zu speichern.

Dass das der Fall ist, auch wenn die Wissenschaft nicht weiß wie es funktioniert, soll zurzeit wissenschaftlich nachgewiesen werden.

Die Aufgabestellung bei diesem wissenschaftlichen Versuch, der auch in den Medien bekannt gemacht wurde, ist folgende:

"Inwieweit besitzt der Mensch die Möglichkeit, durch sogenannte positive oder negative Gedanken das Wachstum, also die Form von Pflanzen und Früchten, zu verändern?" Dass es funktioniert, ist unzählige Male bewiesen.

Die Kombination der beiden Regelkreise des biologischen Systems Mensch und des biologischen Systems der Pflanzen und Bäume garantiert nur in ihrer Dualität die Lebensfähigkeit des Menschen.

Würde das biologische System der Pflanzen und Bäume aufhören zu existieren, würde das dazu führen, dass das physische biologische System des Menschen dem Untergang geweiht wäre.

Gehen wir zurück zur Entstehung der Erde und der Entstehung der Elemente, aus der die Materie besteht.

Die Rotation, die durch die diagonale Einstrahlung des Überdrucks entstanden war, erzeugte also diese verdichteten Einheiten, aus denen heute all das besteht, was wir als "Materie" bezeichnen.

Der Vorgang der Einstrahlung weiteren Druckes über eine Diagonale in den Erd-Kubus hat sich mehrmals wiederholt.

Da der Druck jeweils in verschiedene Diagonalen eingestrahlt wurde, führte das logischerweise aufgrund der verschiedenen Rotationsrichtungen, die entstanden waren, zu Veränderungen dieser, sich durch die Materie gebildeten, Erdkruste.

Die alte Erdkruste riss auf, schob sich übereinander und schuf die Gebilde, die wir heute als "kontinentale Erdplatten" bezeichnen.

Bringen wir an diesem Punkt das Geschilderte auf einen kurzen Nenner, so führt das zu folgender Erkenntnis.

Das geschilderte Geschehen, also die Ursache der Schöpfung unseres Universums einschließlich der Elemente, durch deren Bindung die Materie entstanden ist, in einige wenige Sätze eingebunden, würde wie folgt lauten:

- Die am Anfang vorhandene Kraft gleich Geist, die still in sich ruhend, formlos im würfelförmigen Raum unseres Universums existierte, wurde durch eingestrahlte Myon-Neutrino`s eines Nachbar-Universums umstrukturiert in die gleichen Myon-Neutrino`s wie die eingestrahlten Myon-Neutrino`s, und diese erzeugten durch ihre gesetzmäßigen Bindungskräfte die 1. Ordnung in unserem Universum.

- Die Myon-Neutrino`s, die aus dem Nachbar-Universum als mechanischer Druck eingestrahlt wurden, wirkten strukturiert dynamisch als geschlossenes System in der geometrischen Form zweier auf der Spitze stehenden kubischen Pyramiden dahingehend, dass sie die ruhende Ur-Masse unseres Universums in die gleiche dynamische strukturierte Form brachten.

- Bedingt durch den gesetzmäßigen Ablauf, der in dieser Struktur existiert, bewirkt sich die Kraft innerhalb dieses Teilchens selbst und wirkt aufgrund ihres Bewegungsablaufes wie eine Matrize.

- Durch den gesetzmäßigen Ablauf und aufgrund der Bindungskräfte, die an den 8 Ecken vorhanden sind, entstand die 1. dreidimensionale gitternetzartige Ordnung.

- Neu eingestrahlter Druck gleich Myon-Neutrino`s aus einem

der Universen, die uns bindungsmäßig gleich dem Gitternetz der Myon-Neutrino`s umgeben, bewirkte ein chaotisches Geschehen und erzeugte durch das Gesetz der Bewegung, dass die 1. Ordnung im Universum in Würfelstrukturen verschiedener Größe aufgeteilt wurde.

- Der gesetzmäßige Ablauf, der in den Kuben der Würfel gleich 6 imaginären Pyramiden wirkt und der gleich ist dem Ablauf im Myon-Neutrino, bewirkt, dass Myon-Neutrino`s aus den Spitzen der Pyramiden abgestrahlt werden, die in der Mitte des Würfels da, wo die Spitzen der 6 imaginären Pyramiden zusammenstoßen, eine kugelförmige Verdichtung erzeugen.

- Durch weiteres Einstrahlen von Myon-Neutrino`s über eine Diagonale in diese neu entstandene Ordnung wurde der verdichtete Mittelpunkt in eine Rotationsrichtung gebracht.

- Durch diese Rotation wurde der Mittelpunkt polarisiert.

- Gleichzeitig erzeugte der eingestrahlte Überdruck die Verbindungen von Myon-Neutrino`s zu subatomaren Teilchen, Elementarteilchen, Atomen und Molekülen.
  Das, was wir als "Materie" bezeichnen.

Diese kurze Zusammenfassung sagt aus, dass eine strukturierte Kraft matritzenmässig durch einen gesetzmäßigen mechanischen Ablauf unser Universum erschaffen hat - allein durch die Bindungskräfte, die durch den Bewegungsablauf der strukturierten Ur-Masse entstanden sind.

Die dynamische Bewegung der Myon-Neutrino`s, zum Beispiel in dem Kubus, in dem der Mittelpunkt die Erde ist, bewirkt aufgrund ihres Druckes das, was wir als "Schwerkraft" bzw. "Schwerkraftfeld" bezeichnen.

Die "atmosphärischen Strahlen" sowie die "Erdstrahlen" sind Myon-Neutrino`s sowie Verbindungen von Myon-Neutrino`s, die aufgrund ihrer Wechselwirkung, das heißt Einstrahlung aus der kubischen

Pyramide in den Mittelpunkt gleich Erde sowie das Wiederabstrahlen aus der Erde in die kubischen Pyramiden, die wir als Atmosphäre und Stratosphäre bezeichnen, in die Erde eingestrahlt und wieder abgestrahlt werden.

Die Myon-Neutrino`s, die ununterbrochen im Erdkubus aus allen Pyramiden in die Mitte eingestrahlt und wieder ausgestrahlt werden, verursachen automatisch, was für jeden logisch denkenden Menschen verständlich ist, durch ihren Druck, dass nichts von der Erde in den Raum fallen kann.
Es ist die Schwerkraft, das Schwerkraftfeld.

Das, was die Wissenschaft als "Anziehungskraft der Erde" bezeichnet, ist nach unserer Erkenntnis genau umgedreht. Dass diese Erkenntnis stimmt, dafür spricht folgendes Beispiel.
Der verdichtete Druck der Myon-Neutrino`s, der Bereich, den wir als Atmosphäre bezeichnen, bewirkt einmal, dass alles, was auf der Oberfläche der Erde existiert, nicht in den Raum fällt.
Zum anderen bewirkt der verdichtete Druck der Myon-Neutrino`s den Vorgang, den wir mit dem Begriff "Gewicht" umschreiben.

Das heißt, die aus der Atmosphäre abgestrahlten Myon-Neutrino`s bewirken durch ihren mechanischen Überdruck, wenn sie auf die Molekularstrukturen der Materie, aus der alles besteht, auftreffen, dass die Molekularstrukturen an der Oberfläche der Erde angedrückt werden. Durch diesen Ablauf gleich Druck wird die Materie, die im Endeffekt gewichtslos ist, da sie nur aus einer Kraft bzw. aus Geist besteht, messbar mit der Maßeinheit, die wir mit dem Begriff "Gewicht" bezeichnen.

Wenn wir gebundene Molekularstruktur gleich Materie von der Erde weg in den Raum transportieren, so "verringert sich automatisch die Menge gleich Überdruck der Ur- Masse-Teilchen, und die in den Raum transportierte Materie verändert ihr Gewicht bis hin zur Schwerelosigkeit.

Dieser Druck (Kraft) der bei diesem mechanischen Vorgang des Ein- und Ausstrahlens der Myon-Neutrino`s entsteht, ist das, was die Wissenschaft mit dem Begriff "Tachyonen-Energie" umschreibt.

Warum die "Tachyonen-Energie" von der orthodoxen Wissenschaft noch nicht akzeptiert wird, liegt daran, dass der Ursprung dieser Energie von ihnen noch nicht nachgewiesen werden konnte.
Das sie existiert, ist unbestreitbar.
Seit den dreißiger Jahren wird "Tachyonen-Energie" im Versuchsstadium eingesetzt und verwendet.
Mit dieser Energie wurden Generatoren zur Erzeugung von Elektrizität sowie Motoren von Kraftfahrzeugen in Bewegung gesetzt.
Dass die Produktion dieser Energie, die im Grunde genommen kostenlos und absolut umweltfreundlich ist, noch nicht zum Allgemeinwohl eingesetzt wird, ist im Grunde genommen unerklärlich.
Hinterfragt man bei den Regierungen, warum diese Technologie nicht vorrangig vorangetrieben wird, erhält man nur nichtssagende Antworten.

Wir überlassen es Ihnen, sich eine Meinung zu bilden.
Wir glauben jedoch, dass, wenn man diese Energie von Seiten der Wissenschaft nicht als Phantasieprodukt abqualifiziert und die Forscher nicht als "spinnende Außenseiter" eingestuft hätte, der Ablauf unseres heutigen physischen Lebens, technologisch gesehen, wesentlich anders aussehen würde.
Wären unsere Wissenschaftler den Weg gegangen, so wäre all das, was in dieser Niederschrift steht, und auch das, was wir noch nicht niedergeschrieben haben, Wissen, das in jedem Schulbuch stände.
Inwieweit es das zukünftige Geschehen, das uns bevorsteht, noch ändern kann, entzieht sich unserer Kenntnis. Da Ordnung und Chaos dem naturgegebenen Gesetz des Kosmos unterliegen, sieht es eher so aus, als wenn all das, was uns Adepten, Propheten und Seher voraussagen, eintreten wird.

Da der Erd-Kubus, von der Mitte, also von unserer Erde aus gesehen, 24 Diagonalen aufweist (6 Pyramiden mit je 4 Diagonalen), werden durch die vorgegebenen Rotationsrichtungen die größeren Mengen der Myon-

Neutrino`s an diesen Punkten in die Pyramiden des Erd-Kubus ein- und ausgestrahlt.
Es sind die Punkte auf der Erde, an denen die in das Gesetz Eingeweihten die Bauwerke errichteten, die von den Menschen heute noch als "unerklärliche Monumente", wie zum Beispiel die Pyramiden, bezeichnet werden.

Da innerhalb der Pyramiden des Erd-Kubus weitere Diagonalen in und aus der Erde Myon-Neutrino`s transportieren, entstehen rund um die Erde an bestimmten Punkten Krafthorte, an denen immer wieder unerklärliche Phänomene auftreten.
Viele dieser Punkte sind uns durch Vermessungen und Berechnungen bekannt.
Die Bauwerke und Kultstätten, die sich an diesen Punkten befinden und deren Bedeutung für die Menschen noch voller Geheimnisse ist, die bis heute noch keiner entschlüsseln konnte, wurden uns von den Eingeweihten entschlüsselt.

Erst durch die Aussage des Eingeweihten, dessen Erkenntnisse teilweise in diesem Buch niedergeschrieben stehen, erkennen wir, dass alle diese Kultstätten und Bauwerke nichts anderes als Kommunikationsstätten sind, die von unseren Schöpfern nach einer bestimmten Ordnung festgelegt und von ihnen erbaut oder durch ihre Mithilfe errichtet wurden.
In den siebziger Jahren gelang es den russischen Forschern GONTSCHAROW, MARAKOW und MOROSOW, durch Eingebung, die sie durch unsere Schöpfer erhielten, einen Beweis zu erbringen, der in Verbindung mit der Aussage des Eingeweihten in der Zukunft große Bedeutung erhalten wird.
Die russischen Forscher übertrugen die Punkte der wichtigsten Stätten aller Kulturen, sogenannte Kulturen, auf einen Globus. Als sie die einzelnen Punkte durch Striche miteinander verbanden, ergaben sich geometrische Formen, sogenannte Pentagons, also Fünfecke.

In einem Bericht von Nikolai BODNARUK "Das geheimnisvolle Netz auf dem Globus", der in der Kansomolskaja Prawda, SPUTNIK 9/1974, veröffentlicht wurde, ist eine Grafik abgebildet, auf der die geschilderten Punkte eingezeichnet und mit Strichen versehen sind.

98

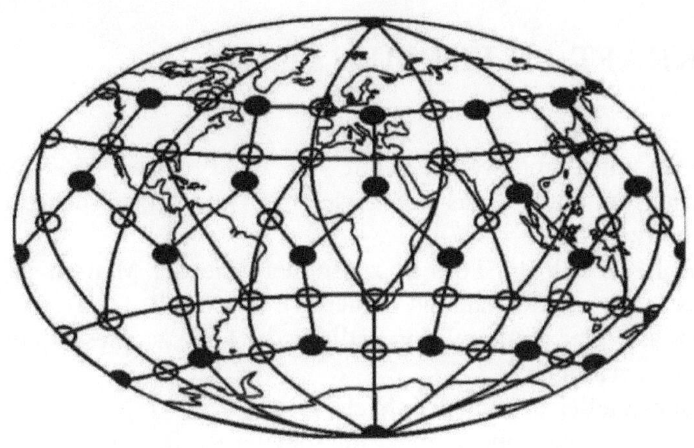

Durch diesen Beweis, der erbracht wurde, ist auch die Behauptung bewiesen, die PLATON bereits in seinem Timaios aufstellte:
"Sähe man von oben her auf die Erde, würde sie einem 12-teiligen Lederball gleichen."

Die Abläufe über die Entstehung des Universums, die bis hierhin geschildert wurden, sind Vorgänge, die von jedem logisch nachvollzogen werden können.
Vorgänge, die aussagen, dass eine strukturierte mechanische Kraft nach bestimmten Gesetzmäßigkeiten geometrische Formen schaffen kann.
Würden nur diese Formen existieren, könnten wir uns damit zufrieden geben und sagen, "Das ist eine Erklärung, die logisch nachzuvollziehen ist. So könnte unser Universum entstanden sein in der Form, wie wir es heute als physische Menschen wahrnehmen".

IX.

Die KRAFT, die FORMEN schafft

Wie aber und durch welche Kraft sind die Pflanzen, die Tiere, die Menschen entstanden, das heißt, welche Kraft hat diese natürlichen Formen erzeugt?
Welche Kraft hält die Formen zusammen, die der Mensch in seiner Zivilisation erschaffen hat und immer neu erschafft?
Es muss also eine Kraft existieren, die in der Lage ist, diese vielfältigen Formen zu erzeugen.
Oder ist es vielleicht doch die gleiche Kraft?
Wenn wir jetzt behaupten, es ist die gleiche Kraft, wird jeder Atheist Freudensprünge machen und sagen:
"Endlich ist jemand da, der die Wahrheit spricht."
Den Atheisten müssen wir enttäuschen.

Unser Leben, unser Sein, wird durch nichts anderes bewirkt als durch die gleiche Kraft, die das Universum erschuf.
Eine einfache, im Grunde genommen simple Kraft, die wir als "Geist" bezeichnen, in eine immerwährende Bewegung gebracht, verursacht unser ganzes Sein.
Alles, was wir als Sinn und Zweck in unserem Leben bezeichnen, gleich aus welcher Sicht wir es sehen, existiert nur auf der Grundlage dieser mechanischen Kraft.

Der Ablauf dessen, was wir als "Seele" und "Körper", und dessen, was wir global als "Leben" bezeichnen >> dabei bleibt es gleich, ob wir sagen, der Mensch existiert nur einmal auf dieser Erde oder karma-bedingt fast unzählige Male durch immer wieder neue Wiederverkörperungen << unterliegt den Gesetzen, die wir in diesem ersten Abschnitt erläutert haben.
Erschrecken Sie nicht, und sagen Sie auch nicht, "Die sind verrückt!"
Es ist absolute Realität.
Unser Sein ist nichts anderes als ein sich immer wiederholender mechanischer Vorgang, den wir selbst bewirken. Jedes angeblich

Sinnvolle, das wir aus weltlicher Sicht in unser Leben hineininterpretieren, ist, im Grunde genommen, sinnlos.

Unser Leben, ob arm, ob reich, ob schön, ob schlecht, ob gut, ob böse, alle Gefühle, alle Gedanken, all das, was wir tun oder nicht tun, sondern nur denken, entsteht durch die Bindungskräfte der Myon-Neutrino`s.
Ein einfacher, simpler, mechanisch physikalischer Ablauf, in den wir Menschen, bedingt durch unser schwaches Verstandes-Denken, die unmöglichsten Abläufe hineininterpretieren.

Läuft es einmal nicht so, wie wir uns unser Leben gedankenbildlich = Träumerei in unserem schwachen Verstandes-Bewusstsein bildhaft vorstellen, und es geht uns etwas schlechter, dann brüllen wir, hilfeheischend, "Gott im Himmel, hilf mir!" Gott, das Unerklärliche der Schöpfung, hat bestimmt keine Zeit dazu, "Adam hinter den Büschen zu suchen".

Der Mensch bildet sich wirklich ein, und wird auch noch dazu ermuntert zu glauben, dass Gott sein Helfer ist, der, wenn er pfeift, kommt, um ihn "aus dem Dreck zu ziehen".

Wir glauben, es wird Zeit, dass die Menschen den Sinn und Zweck ihres Erdenlebens erfahren. Aber unsere Meinung ist unmaßgeblich und wird es immer bleiben.
Entscheidend ist, dass wir nicht Gott, eine Instanz, die absolut existiert und alles erschaffen hat - auch das Gesetz der Mechanik, durch das wir existieren -, versuchen zu finden, sondern den logischen Weg erkennen, der uns zurückführt zu unserem Schöpfer, der uns als seine Kinder als Gedankenform gleich Wesenheit erschaffen hat.

Gott ist eine Größe, die wir, mikroskopisch kleinen Staubkörner in der Unendlichkeit des Raumes, allein nie finden werden.
Es gibt nur einen Weg, der zu Gott zurückführt.
Der Weg, auf dem wir unseren Schöpfer, der uns als Wesenheit erschaffen und in die Materie integriert hat, finden, damit wir an den Anfang des Weges gelangen, der - nur über Ihn - zu Gott führt.
Unser Vater im Himmel.

Lachen Sie nicht, denn Er existiert in einer absoluten Realität und kennt jeden Ihrer Gedanken.

Er allein bestimmt Ihr Sein oder Nicht-Sein, jetzt und in alle Ewigkeit.

Das, was wir Ihnen in dieser Niederschrift versuchen zu erklären, ist das Gesetz Gottes, das unsere Väter, unsere Schöpfer, erkannt und uns unzählige Male während unserer Evolution als physischer Mensch mitgeteilt und offenbart haben.

Seine erstgeborenen Söhne, die Er als erste Wesenheiten nach seinem Bilde schuf und die eingeweiht sind in die Gesetze, schickte Er, eingeboren in die physische Materie, viele Male auf die Erde.

Er sandte sie zu uns Menschen, zu den Wesenheiten, die Er als Gedankenform erschaffen hat, damit sie uns die Gesetze offenbaren, durch die wir den Weg erkennen, der zurückführt zu Ihm.

Sie, die erstgeborenen eingeborenen Söhne Gottes, gleich ob Jesus Christus, Buddha oder Krishna, die Er gesandt hat, um uns die Gesetze neu zu erklären, wurden von der Masse der Menschen, bedingt durch ihr Ich-bezogenes, dummes, dogmatisches Denken, als religiöse Spinner und Phantasten abgetan.

Trotzdem waren sie in der Lage, die Kenntnis von den Gesetzen so weitgehend zu erneuern, dass daraus Glaubensgemeinschaften, der jeweiligen Rasse zugeordnet, entstanden, die wie ein Netz den Erdball umspannen.

Auch wenn die Gesetze, nach denen das Leben der physischen Menschen ablaufen sollte, aufgrund der menschlichen Schwäche ihres Verstandes-Denkens nur noch stark verfälscht im Bewusstsein der Menschen existieren, so sind die Gesetze unserer Väter, auch wenn sie verleugnet werden, doch in der Wesenheit eines jeden Menschen eingeprägt.

Immer dann, wenn der Mensch in Not und das weltliche materielle physische Sein nicht mehr relevant ist, sucht er in sich die Matrize, in der das Gesetz verankert liegt, und bittet um Hilfe.

Die Gesetze, nach denen das physische menschliche Sein ablaufen soll, sind Gesetze, die unser Vater, unser Schöpfer, als Hilfe für uns

Erdenmenschen aufgestellt hat, damit wir so weitgehend erleuchtet werden, dass Er uns das Gesetz des Universums offenbaren kann.
Das Gesetz, durch das alles Sein existiert.

Wenn wir ein paar Seiten zuvor sagten, dass alles Sein das menschliche Leben, Gefühle, Verstand - durch nichts anderes bewirkt wird als durch die Kraft, die strukturiert in einer geometrischen Form wirkt, so ist das, wie Sie im nachfolgenden erkennen werden, absolut richtig.
Es gibt keine zweite Kraft, durch die die Formen geschaffen werden.
Alles, was in diesem Universum, ob Pflanze, Tier, Mensch einschließlich der Wesenheit, die der Mensch als "Seele" bezeichnet, existiert, wurde, um es einmal vorwegzunehmen, durch die Kraft der Gedanken erzeugt.
Die Kraft der Gedanken bewirkt aber nichts anderes als Bewegungsveränderungen gleich Formgestaltung in der Ur-Masse der Kraft - oder Geist -, die in dem strukturierten Myon-Neutrino existiert.
Es gibt nur eine Kraft, die am Anfang allen Seins existierte.
Akzeptieren wir diese Erkenntnis, dann muss uns klar sein, dass alles nur in und durch diese Kraft existieren kann.

Versuchen wir das, was wir meinen, an einem Beispiel zu erkennen.

Sagen wir einfach, in der Ordnung der Myon-Neutrino`s, die gitternetzmäßig zusammenhängen, werden Sie dreidimensional als Gedankenform herausgeschnitten und existieren so für das normale menschliche Auge nicht erkennbar ganz allein in der unendlichen Weite des Raumes.
Da Sie keinerlei Anhaltspunkte haben als nur das Gitternetz, die Ordnung der Myon-Neutrino`s, wüssten Sie gar nicht, dass Sie existieren. Sagen wir weiterhin, Gott hätte Ihnen die Kraft der Gedanken mitgegeben.
Sie würden gar nicht erkennen, dass Sie diese Kraft besitzen, denn es gibt keine Möglichkeit, da alles aus einer Substanz ist, irgendetwas vergleichend gegenüberzustellen.
Plötzlich würde aus derselben Substanz vor Ihnen eine Wesenheit für Sie erkennbar aus der Ur-Masse herausgeschnitten gleich wie Sie aussehend, was von Ihnen jedoch, da Sie keinen Spiegel besitzen, nicht erkannt werden kann.

Sie würden zwar jetzt eine Form sehen, die, im Vergleich zu den Myon-Neutrino`s in der Ordnung, zusätzlich geformt ist. Sie würden auch, da Sie nun ein Gegenüber besitzen, denken können: "ICH BIN", weil Ihnen etwas gegenübersteht, das ist, und Sie es erkannt haben.
Doch Sie wüssten immer noch nicht, da Sie, wie schon gesagt, keinen Spiegel besitzen, dass Sie gleich der Wesenheit sind, die Ihnen gegenübersteht.
Der Wesenheit, die Ihnen gegenübersteht, welche auch die Kraft der Gedanken von Gott gegeben wurden, würde es genauso gehen.

Erst in dem Moment, wo eine 3.Wesenheit entstehen würde, hätten Sie eine Vergleichsmöglichkeit.
Hat diese Wesenheit genau die gleiche Form wie die Wesenheit, die Ihnen zuerst gegenüberstand, so würde sich in Ihrem Denken nichts ändern.
Sie können, da beide Wesenheiten gleich sind, daraus nichts Neues schaffen, denn Sie kennen ja nichts anderes als diese eine Form.
Sagen wir jedoch, diese 3. Wesenheit besitzt zum Beispiel die Form eines Pferdes, so würde bei Ihnen, der im Besitz der Gedankenkraft ist, folgender Vorgang ablaufen:

Die erste Reaktion wäre Erstaunen, etwas anderes zu sehen als das, was da war.
Die zweite Reaktion, die aus der ersten resultiert, wäre das Vergleichen. Wenn Sie lange genug verglichen hätten, würden Sie anfangen, vergleichend gedanklich zu experimentieren. Zum Beispiel setzen Sie den Menschenkopf auf den Pferdeleib.
In dem Moment, wo dieses Gedankenbild in Ihnen entsteht, stände auf einmal neben den 2 Formen diese 3. Form, die jetzt den Leib eines Pferdes mit dem Kopf der Wesenheit darstellt.
Ordnen wir diesen Vorgang ein, dann heißt das:
Sie haben durch den Vergleich etwas Neues geschaffen. Bezeichnen wir diesen Vorgang als ein Gesetz und schaffen uns eine Grafik, dann würde das folgendermaßen aussehen:

<u>Wesenheit Mensch</u>   ------------------   <u>Wesenheit Pferd</u>
    Vater   Sohn

<u>Wesenheit Mensch -Pferd</u>
   Heiliger Geist

Sagen Sie nicht, "Das ist Gotteslästerung!".
Denn es ist **das Gesetz**!

Die Entstehung des Universums, so, wie es in dem letzten Kapitel geschildert wurde, es ist gleich, ob Sie diese Ausführung akzeptieren oder nicht, ist ein Vorgang, der von jedem logisch nachvollzogen werden kann.
Die mechanische Kraft, die das Universum erschaffen hat, kann jedoch eins nicht:
Formen schaffen, wie wir sie in der Natur oder in unserem Umfeld mit unseren 5 Sinnen wahrnehmen, einschließlich der Form der Menschen und der sonstigen Lebewesen.
Also stellen wir noch einmal die Frage,

"Welche Kraft existiert außerdem, die in der Lage ist, Formen zu schaffen; Formen, wie wir sie als Mensch selbst darstellen oder in der Natur unseres Umfeldes finden?"

Es ist gleich, welche Art von Formen wir nehmen, die der Mensch mit seinen 5 Sinnen wahrnimmt, sie können durch mechanischen Druck nicht erzeugt werden und nicht erzeugt worden sein.
Verdeutlichen wir uns anhand eines Beispiels, was mechanischer Druck nur bewirken kann.
Nehmen wir zum Beispiel den Druck, den eine Hand bei einer Bewegung abstrahlt, bei dem eine Definition vom Ursprung bis zur Wirkung des Druckes möglich ist.
Das physische biologische System des Menschen erhält seinen Druck, wir bezeichnen es als "Energie" gleich Myon-Neutrino`s, der zur Aufrechterhaltung dieses Systems benötigt wird, über die Nahrung.
Die Elemente, also Atome und Moleküle, aus denen die Ernährung aufgebaut ist, werden in den Regelkreisen des Menschen aufgespaltet bis in die Myon-Neutrino`s = Ur-Druck und als Kraft = Energie dem Menschen zur Erhaltung und zum Gebrauch seines Körpers zur Verfügung gestellt.

Bei einer Handbewegung, die gedacht werden muss - für die meisten Menschen ein mechanisch motorischer Ablauf, wird die so aufgespaltete und vorhandene Kraft = Myon-Neutrino`s in die Hand eingestrahlt und,

nachdem der Bewegungsablauf beendet ist, als Myon-Neutrino`s =
Druck abgestrahlt.
Dieser Druck = Myon-Neutrino`s bewirkt nun in der Atmosphäre ein
chaotisches Geschehen.
Die Myon-Neutrino`s treffen auf andere Myon-Neutrino`s, auf
Elemente und Moleküle, die in der Atmosphäre vorhanden sind und
setzen diese in einen chaotischen Bewegungsablauf.
Die Bewegung der Hand erzeugt eine somit erklärbare Wirkung, die sich
chaotisch als Kraft = Myon-Neutrino`s fortpflanzt, ohne in irgendeiner
Art eine der Formen zu schaffen, die uns aus unserer Umwelt bekannt
sind.

Das heißt, mechanischer Druck, ein Druck der keine Formen schaffen
kann, kann in der Ordnung des Kosmos nur Chaos erzeugen.

Nur der Druck der Gedanken bewirkt Formen gleich Gedankenbilder.

Gott kann also nur durch die Kraft der Gedanken, die Gedankenbilder
formt, in der Ordnung des Kosmos die Gedankenformen geschaffen
haben, nach deren Bild der physische Mensch erschaffen wurde.

Gehen wir zurück zu der nicht beweisbaren Behauptung und sagen, dass
bei der angenommenen Katastrophe in unserem Nachbar-Universum
nicht nur Myon-Neutrino`s, die unser Universum erzeugten, eingestrahlt
wurden, sondern auch Myon-Neutrino`s, die holografisch in sich, in
ihrer Kraft gleich Geist, die Formen der ursächlichen Wesenheiten
getragen haben, die am Anfang der Zeit in unserem Universum in der
Ordnung neu entstanden.
Diese holografisch in einem Myon-Neutrino`s existierenden
Gedankenformen, die eingestrahlt wurden, haben sich, nachdem die 1.
Ordnung in unserem Universum entstanden war, aufgrund ihrer
Bindungskräfte in dieser Ordnung wieder zu den Original-Größen ihrer
Wesenheit = Gedankenform geformt.

Wenn Ihnen die Vorstellung, dass unsere Schöpfer aus einem Nachbar-
Universum eingestrahlt wurden, nicht gefällt, dann sagen Sie sich
einfach, Gott habe sie als Wesenheit in unserem Universum erschaffen.
Im Grunde genommen bleibt es sich gleich, wie Sie es interpretieren.

Diese Wesenheiten, sagen wir 5, = unseren 5 Rassen der Menschheit, besaßen eine Kraft, die in der Lage ist, Gedankenformen aus den Myon-Neutrino`s, die in der Ordnung = dem kubischen dualen Gitternetz existieren, dreidimensional entstehen zu lassen.
Akzeptieren wir diesen so geschilderten Ablauf, so haben wir ein denkbares Konzept, mit dem wir uns vorstellen können, wo diese Ur-Kraft, die Gedankenformen schafft, hergekommen sein könnte.

Wie die Gedankenkraft beschaffen ist, ist genau wie Gott (Schöpfer, Schöpfung) unerklärbar.
Wie und durch was die Gedankenkraft wirken kann, ist erklärbar, wenn wir die Ur-Kraft in den Myon-Neutrino`s zum Beispiel als Substanz benutzen, die durch die Kraft der Gedanken geformt werden kann.

Sagen wir, die Kraft der Gedanken formt in der Ur-Kraft der Myon-Neutrino`s das Gedankenbild.
Das Gedankenbild verursacht innerhalb des Myon-Neutrino`s veränderte Bindungskräfte.
Durch diese veränderten Bindungskräfte entstehen an den 8 Ecken des Myon-Neutrino`s so weitgehende Veränderungen, dass sich Myon-Neutrino`s nur noch an bestimmten Ecken anbinden können.
Da die Druckverhältnisse = Bewegungsablauf von einem Myon-Neutrino in die anderen Myon-Neutrino`s übertragen werden, entsteht so das Original-Gedankenbild in der Größe und Form, wie es gedacht wurde.

Nur die Kraft der Gedanken bewirkt Formen = Gedankenbilder.

Wer die ersten Gedankenformen, die diesen Ablauf bewirken, und die Kraft der Gedanken erschaffen hat, ist unerklärlich.
Also kann sie nur Gott erschaffen haben.

Die 5 Wesenheiten, die uns nach ihrem Bilde gleich ihrem Aussehen erschaffen haben, sind ES und verkörpern in sich das Feminine und das Maskuline.
Diese ersten 5 Wesenheiten besaßen die Kraft der Gedanken und sahen auf einmal in der Endlichkeit des Kubus, in dem der Mittelpunkt der

Planet SIRIS ist, all die Wesenheiten, die mit ihnen in unser Universum eingestrahlt worden waren.

Warum die Zahl 5 ? - es ist einmal eine Aussage des Eingeweihten, aber auch gleichzeitig das Ergebnis eines Denkprozesses.

Auf diesem Planeten, den wir als Erde bezeichnen, existieren 5 Gruppen von Menschen, die sich nicht nur durch die Farbe unterscheiden, sondern auch durch bestimmte charakterliche Eigenschaften.

Betrachten wir die farbliche Abstufung der Menschen, so finden wir weiße, schwarze, braune, rote und gelbe Menschen mit jeweils unterschiedlichen Charaktereigenschaften.

Damit der im nachfolgenden geschilderte Ablauf genau verstanden wird, ist es angebracht, wenn Sie sich gedanklich einmal kurz in eine dieser Wesenheiten versetzen, damit Sie die geschilderten Reaktionen gedanklich nachvollziehen können.

Wenn wir nichts haben, an dem wir uns reflektieren können, können wir auch nicht erkennen, dass wir existieren.

Stellen Sie sich vor, Sie nehmen auf einmal in der Unendlichkeit des Raumes 4 Wesenheiten verschiedenen Aussehens wahr. Das erste, was als Reaktion entstehen würde, wäre, wie bereits gesagt, Erstaunen. Die zweite Regung wäre Neugierde. Die dritte Regung wäre, und das wäre schon ein Tun, Vergleichen. Stellen wir uns jetzt vor, dass eine der Wesenheiten Gesichtszüge aufweist, deren abgestrahlter Druck, den wir in unserer Wesenheit erhalten, in uns den Gedanken erzeugt, "Der gefällt mir nicht".

Die Reaktion wäre, wenn man diesen Vergleichsprozess eine gewisse Zeit durchgeführt hat, sich den Kopf vom Körper wegzudenken und sich den Kopf so vorzustellen, wie man ihn bei einer der restlichen 3 Wesenheiten sieht. Eine andere Vergleichsmöglichkeit wäre nicht vorhanden. In dem Moment, da wir das denken, als eine Wesenheit, wurde, für uns sichtbar, die Gedankenform vor uns stehen.

Nach dem Erschrecken als nächste Reaktion würde vielleicht diese Sache von uns als Gedankenspiel in der Form fortgesetzt werden, dass wir eine Gedankenform nach der anderen schaffen.

Nehmen wir außerdem noch an, dass in unserem Umfeld die Gedankenformen der ersten Tiere, Pflanzen, Bäume usw. vorhanden wären, so würden wir mit unseren Gedanken die unmöglichsten Formen schaffen.

Formen, die in den Heiligen Schriften und Sagen beschrieben werden.

Zum Beispiel die mythologischen Wesen, sogenannte Archetypen wie die Sphinx, ein Tierkörper mit einem Menschenkopf, oder der Centaur Cheiron, die Kombination zwischen Pferd und menschlichem Wesen usw.
Beziehen wir die biblische Überlieferung mit ein, bei der nach unseren Recherchen jedes Wort stimmt, finden wir auch da ununterbrochen Hinweise darauf, dass dieser Ablauf auf Tatsachen beruht.
Zum Beispiel die Riesen, die sich mit den "Schönen" der physischen Menschen paarten.
Dies war am Anfang das Sein unserer Schöpfer, in dem sie wirkten wie Gott selbst.

Ununterbrochen schufen sie neue Gedankenformen, neue Wesenheiten nach ihrem Bilde, die selbst wieder die Kraft der Gedanken besaßen, oder Wesenheiten wie zum Beispiel die Tiere und Pflanzen, denen die Kraft der Gedanken von Gott nicht gegeben ist, um selbst Gedankenformen und Wesenheiten zu schaffen.
In einer Zeit, die unbestimmbar ist, schufen sie nach der 1. Ordnung der Myon-Neutrino`s im Kubus des SIRIS ununterbrochen Gedankenformen und Wesenheiten.
Dieser Vorgang bewirkte, dass sie selbst sehr stark verdichtet wurden, so dass sie die Materie gleich den Planeten SIRIS als Aufenthaltsort benötigten.
Ihre Verdichtung war so stark geworden, dass sie, um den Begriff, der uns geläufig ist, zu benutzen, zu "Lichtwesen" wurden.

Der Eingeweihte sagte uns, dass der Heimatplanet unserer Väter der ist, den wir unter dem Namen SIRIUS kennen.
Er bezeichnete ihn jedoch nicht als SIRIUS, sondern als SIRIS, und gab uns auch die Erläuterung, warum er SIRIS und nicht SIRIUS heißt.
Im Nachhinein haben wir sehr viele Aussagen und Überlieferungen dahingehend überprüft und festgestellt, dass immer wieder in Überlieferungen Aussagen zu finden sind, die den Planeten Sirius als außergewöhnlichen Planet bezeichnen.

Nachdem die 5 Wesenheiten lange Zeit, die Zeitstrecke ist uns nicht bekannt, auf diesem Planeten in ihrer Gestalt lebten, erkannten sie zu irgend einem Zeitpunkt, dass sie, bedingt durch ihre Gedankenkraft, die alles bewirkt und dadurch Formen schafft, Gott-gleich ihre Umwelt selbst schufen.

Sie erkannten die Gesetzmäßigkeiten und wussten, da all ihre Geschöpfe, die sie erschaffen hatten, selbst die Kraft der Gedanken besaßen, und da die Potenzierung dieser Gedanken an irgend einem Zeitpunkt des Seins die Geometrie des Kosmos, speziell des Kubus, in dem sie existierten, so stark verdichtete, dass die daraus resultierende Kristallisation den Lebensraum, in dem sie existierten, zerstören würde.

Sie erkannten, dass in dem Moment, wo die Ur-Masse, die in 2 übereinander auf der Spitze stehenden Pyramiden wirkt, durch die Kraft ihrer Gedanken zu Kuben zusammengeschlossen wird, in dieser Verdichtung keine Gedankenbilder mehr geschaffen werden können und sie immer und ewig ohne "Denkraum" = Ur-Masse existieren müssten.

Damit Sie genau erkennen, wie Gedankenformen gleich Wesenheiten entstehen, und den Ablauf gedanklich nachvollziehen können, ist es unserer Meinung nach an dieser Stelle angebracht, die Schilderung des Eingeweihten, wie dieser Vorgang abläuft, niederzuschreiben.

Die Wesenheiten unserer Väter (unserer Schöpfer) sowie die von ihnen geschaffenen Wesenheiten bewirken durch ihre Gedanken folgendes Geschehen, durch das die Gedankenformen entstehen.

In den Wesenheiten manifestiert sich jeder Gedanke gleich Gedankenbild zweimal in 2 Myon-Neutrino`s als holografische Abbildung gleich Form.

Eines dieser Myon-Neutrino`s, in dessen Kraft die Gedankenform enthalten ist, wird in der Wesenheit in der Form, aus der die Wesenheit besteht, gespeichert.

Die Wesenheit - = Seele beim physischen Menschen - ist aufgebaut aus Myon-Neutrino`s, die sich in der 1. Ordnung befinden und jeweils diagonal miteinander verbunden sind.

Wird ein Gedankenbild von einer Wesenheit geschaffen, so wird eins der Myon-Neutrino`s, in dem sich das Gedankenbild holografisch befindet, in den Geistkörper der Wesenheit in einem der Würfel, in denen 1 Myon-Neutrino existiert, gespeichert.

Durch diesen Vorgang verdichtet sich die Wesenheit so weit, dass sie zum Lichtwesen wird.

Wenn die alten Mystiker von unseren Vätern, unseren Schöpfern, oder von Engeln sprechen und sie als Lichtwesen beschreiben, so entspricht das den Tatsachen.

Das 2. Myon-Neutrino, das die holografische Form in sich besitzt, wird, wenn eine neue Gedankenform erschaffen wird, nach außen abgestrahlt und formt durch seine Bindungskräfte die Gedankenform in ihrer realen Größe.

Entsteht in der Wesenheit eine Gedankenform, die schon existent ist, so wird dieses Myon-Neutrino in die vorhandene Gedankenform eingestrahlt und erzeugt keine neue Gedankenform = Wesenheit.

Das heißt, dieses 2. Myon-Neutrino wird von der Wesenheit abgestrahlt und erzeugt den gleichen Vorgang in dieser anderen Wesenheit, wodurch sich deren kubisches Gebilde = Wesenheit verdichtet.

Dieser so geschilderte Ablauf erklärt im Grunde genommen viele Phänomene, die bis heute noch unerklärlich sind. Zum Beispiel Geistheilen, Telepathie, Vorausahnungen usw.

Im Grunde genommen gibt es auf der Grundlage dieser Erkenntnis nichts Geheimnisvolles und Unerklärliches mehr.

Durch das Myon-Neutrino und das Gesetz der 1. und 2. Ordnung ist alles erklärbar.

Im Folgenden werden wir auf weitere Beispiele näher eingehen, die jeder logisch schlussfolgernd überprüfen kann.

Wie dieser Vorgang bei uns physischen Menschen abläuft, werden wir im Folgenden, wenn wir die Entstehung des physischen Menschen beschreiben, genau schildern.

Als unsere Väter erkannten, dass sie durch ihre Gedankenbilder die Myon-Neutrino`s des Kubus des SIRIS fast aufgebraucht hatten, entdeckten sie die Gesetze, durch die im Kosmos alles Sein existiert.

Sie erkannten, dass sie alles Sein durch die Kraft ihrer Gedanken selbst bewirkten.

Um nicht zu kristallisieren, nahmen unsere 5 Ur-Väter die von ihnen geschaffenen Wesenheiten, ordneten sie nach bestimmten Kriterien und brachten sie in verschiedene Kuben des Universums, deren Mittelpunkt immer eine Verdichtung gleich Planeten aufweist.

Die Wesenheiten, die von den 5 Ur-Vätern erschaffen wurden als Mutation, nicht gleich ihrem Bilde, aber im Besitz der Gedankenkraft, sowie Mutationen der Wesenheiten, die am Anfang der Zeit existierten und nicht die Kraft der Gedanken besaßen, existieren heute in Kuben, deren Mittelpunkt gleich wie im Erd-Kubus ein Planet ist, und führen dort ein eigenständiges Leben.

Viele Gruppen von ihnen sind geistig und technologisch evolutionsmäßig weiter als die Menschenrasse, die im Erd-Kubus existiert.

Viele Gruppen, die eingeweiht sind in die Gesetze des Kosmos, sind Helfer unserer Väter und halten die Ordnung in unserem Universum aufrecht.

Es sind die Wesenheiten, die unseren Erd-Kubus überwachen und uns mit ihren Raumschiffen, den sogenannten UFO`s, die immer wieder besuchen, um die naturgegebene Ordnung in unserem Kubus zu überprüfen.

Die Erkenntnisse, die wir in diesem Bereich besitzen, sind Aussagen, die wir von dem Eingeweihten erhalten haben und die in vielen Bereichen von uns überprüft wurden.

X.

Die INTEGRATION der WESENHEIT des MENSCHEN in den ERD-KUBUS

Die Gedankenbilder gleich Wesenheiten, die absolut nach ihrem Bilde, nach ihrem Aussehen, erschaffen waren, wurden zusammen mit den Ur-Wesenheiten der Tiere und Pflanzen und den von ihnen nach den Ur-Wesenheiten geschaffenen Wesenheiten in den Kubus gebracht, dessen Mittelpunkt der Planet Erde ist.
Wir physischen Menschen der heutigen Zeit sind diese Wesenheiten, wir sagen "Seelen", die am Anfang der Zeit erschaffen und als Wesenheiten in diesen Kubus integriert wurden.

Damit wir als Wesenheiten nicht denselben Weg gehen konnten, den unsere Väter am Anfang ihrer Zeit gegangen sind, erschufen sie für uns Wesenheiten eine Grundlage, die uns in der Genesis, der Schöpfungsgeschichte der Bibel, symbolhaft überliefert wird.
Sie schufen für uns als Wesenheiten das Paradies, das in der Bibel als "Garten Eden" bezeichnet wird.
Da wir als Wesenheiten die Kraft der Gedanken besaßen und selbst wie sie ununterbrochen neue Gedankenformen erschufen, setzten sie Wesenheiten ein, die gleich ihnen erleuchtet waren, in der Bibel werden sie als "Cherubim" bezeichnet, die für folgenden Ablauf verantwortlich waren.

Damit wir mit der Zeit vergessen, dass wir mit der Kraft der Gedanken selbst Wesenheiten schaffen können, wurden von den Cherubim neu geschaffene Wesenheiten über eine Diagonale, die in einen Nebenkubus führt, den der heutige physische Mensch als "Jenseits" bezeichnet, transportiert.
Da wir Wesenheiten dadurch nicht mehr erkannten, dass wir selbst in der Lage waren, Wesenheiten zu schaffen, war das Sein für uns Wesenheiten gleich wie in einem Paradies.
Dadurch, dass die Gedankenformen immer direkt, wenn sie gedacht, in den Kubus des Jenseits abtransportiert und eingestrahlt wurden, verloren

113

die Wesenheiten der heutigen Erdenmenschen langsam die Fähigkeit und das Wissen um die Kraft der Gedanken.

Ihre Gedankenabläufe veränderten sich dahingehend, dass sie nur noch über das schon Vorhandene gleich Gegenwart nachdachten und dadurch, dass dieses Gedankenbild schon existierte, kaum noch neue Gedankenformen schufen.

Die Menge der Gedankenbilder, die neu erschaffen wurden, verringerte sich mit der Zeit immer mehr und mehr, und die Wächter der Wesenheiten der Erdenmenschen erhielten viel Zeit, ihr eigenes Sein zu leben.

Zu irgend einem Zeitpunkt, bedingt durch, sagen wir, einen unglücklichen Zufall, erkannten die Wesenheiten der heutigen Erdenmenschen, dass die Wächter in der Lage waren, mit der Kraft ihrer Gedanken Gedankenbilder zu schaffen, ein Vorgang, der ihnen fremd geworden war.

Diese Erkenntnis, in der Bibel wird sie als "Baum der Erkenntnis" beschrieben, verführte die Wesenheiten der Erdenmenschen wiederum dazu, selbst neue Gedankenbilder zu schaffen.

Durch das Aufkommen der Menge dieser Gedankenbilder erkannten unsere Väter und die Wesenheiten, die als Bewachung in dem Erd-Kubus waren, was passiert war.

Sie entschlossen sich dazu, den reinen physischen Menschen zu erschaffen.

In der Bibel wird dieser Vorgang symbolisch als Schaffung Adams (Adam bedeutet Mensch) "aus einem Erdenkloß" beschrieben.

Die ERSCHAFFUNG des PHYSISCHEN MENSCHEN

Die Wesenheit besteht, wie am Anfang beschrieben, aus zwei in sich geschlossenen Systemen.

Das eine System, das die Wesenheit darstellt, ist das System der 1. Ordnung, das aus Myon-Neutrino`s besteht, die jeweils an den Ecken über die Diagonalen miteinander verbunden sind.

Die jeweiligen Zwischenräume, das 2. System, bestehen wiederum, wie schon erklärt, aus Würfeln, die jedoch kein Myon-Neutrino als Inhalt besitzen.

Dieses 2. System der leeren Würfel benutzten unsere Schöpfer, um die Regelkreise des physischen biologischen Systems des Erdenmenschen zu integrieren.

Den gleichen Vorgang vollzogen sie bei den Wesenheiten, die die Kraft der Gedanken nicht besaßen, das heißt bei den Tieren und den Pflanzen.

Sie kombinierten die Regelkreise so, dass die Elemente der Erde, die aus Myon-Neutrino`s zu Atomen und Molekülen zusammengebunden sind und für das biologische System des Erdenmenschen als Druck verwendet werden, um ihr System zu füllen, von den Pflanzen zur Verfügung gestellt werden, die ihr biologisches System aus dem Druck der Elemente der Erde aufbauen.

Dass es so ist, beweisen im Element-Bereich folgende wissenschaftliche Aussagen.

Die Elemente, aus denen unsere Nahrung besteht, spaltet der Mensch in seinen Regelkreisen in Myon-Neutrino`s auf und benutzt sie, um seinen physischen Körper aufzubauen, gleich Wachstum, und um ihn zu erhalten.

Die Elemente, die der Mensch für die Erhaltung seines physischen Körpers benötigt, sind, wenn wir die als Transportmittel verwendeten oder die für die Aufspaltung der Ernährung gebrauchten Ionen nicht mit berücksichtigen, im Grunde genommen nur folgende Elemente:

(H) Wasserstoff, (O) Sauerstoff und (C) Kohlenstoff.

Auch wenn das unwahrscheinlich klingt, es ist Realität. Unsere gesamte Nahrung, die wir zu uns nehmen, wird soweit aufgespaltet, bis nur noch das Molekül "Glucose" übrigbleibt.

Es ist das einzige Molekül, das der Mensch benötigt und verwerten kann.

Das Molekül Glucose, grobflächig kann man es als Zucker bezeichnen, besteht aus nichts anderem als aus (H) Wasserstoff, (O) Sauerstoff und (C) Kohlenstoff.

An dieser Stelle ist es, wie wir glauben, vielleicht interessant, eine Aussage des Eingeweihten einzuschieben, bezeichnen wir sie einfach als Hypothese, die uns erklärend hilft zu erkennen, was die Nahrung, die der Mensch zu sich nimmt, im kubischen System des Menschen bewirkt und wie, in welcher Form, sie in das System eingestrahlt wird.
Auch wenn es für Sie als Laie oder Fachmann unwahrscheinlich klingt:

Unsere Ernährung, das heißt die Glucose, wird komplett in die Myon-Neutrino`s aufgespaltet, als Myon-Neutrino durch die Darmwände resorbiert und baut sich in dem Ur-Stoff des Lebens, im Blut, wieder zu dem Molekül Glucose auf.
Nach dem Stand der Wissenschaft heißt es, alle Nahrung, die der Mensch oral zu sich nimmt, wird auf dem Weg Mund - Magen - Zwölffingerdarm - Dünndarm - Dickdarm - fermentativ dahingehend aufgespaltet, dass Molekularstruktur-Größen entstehen, bis hin zum einzelnen Atom, die durch die Darmwände, die aus sogenannter Mukosa bzw. Epithelzellen bestehen, in die Blutbahn resorbiert werden. Im sogenannten Blut werden diese Moleküle und Atome sowie Ionen an die Zellen transportiert, bei Bedarf eingeschleust und in der Mitochondrie, dem Energie- und Chemiewerk der Zelle, zu (CO_2) und (H_2O) im sogenannten Zitronensäure-Zyklus aufgespaltet.
Das Endprodukt, das entsteht (H_2O) Wasser und (CO_2), wird auf ähnlichen Wegen aus der Zelle transportiert und über unsere Ausscheidungsorgane wieder ausgeschieden.

Diese laienhafte Darstellung sagt uns also, dass die Nahrung mechanisch durch Enzyme in unserem Körper aufgespaltet wird bis zur Energie-Erzeugung und wir durch diesen Vorgang auf der physischen Ebene lebensfähig erhalten werden.
Das sagt die orthodoxe Wissenschaft.
Dass es so ist, ist auch nur eine Theorie und nicht bewiesen.
Denn noch kein Mensch hat bis heute die Stelle gefunden, an der im Darm das Großmolekül Glucose ($C_6 H_{12} O_6$) oder andere Moleküle durch die Darmwand in die Blutbahn resorbiert werden.
Verschiedene Experimente weisen zwar darauf hin, da man die Glucose, die in der Nahrung vorhanden war, ja im Blut bei der Erstellung eines Parameters wiederentdeckt. Wiederentdeckt dadurch, dass man zum

116

Beispiel Moleküle mit Isotopen versetzt hat und diese Moleküle im Blut nachweisen konnte.
Ein Beweis ist es auf keinen Fall. Warum? All das, wovon wir glauben, dass es so ist, kann genauso gut anders sein.

Ein Isotop, das zum Beispiel experimentell an ein Molekül angehängt, im Darm in seine Myon-Neutrino`s aufgespaltet und durch die Darmwand in die Blutbahn resorbiert wird, entsteht selbstverständlich genau wieder in seiner gleichen Form, wenn es als Myon-Neutrino in die Blutbahn gekommen ist.

Nachdem unsere Schöpfer unsere Wesenheiten sowie die Wesenheiten, die keine eigene Gedankenkraft besitzen, in das biologische System eingebunden hatten und eine Zeit vergangen war, stellten sie fest, dass die physischen Menschen weiterhin in großen Mengen Gedankenformen schufen und sich das Problem nicht geändert hatte.

Diese ersten Erdenmenschen, die als ES existierten und noch das ewige Leben besaßen sowie die Kraft der Gedanken, begannen im Gegenteil mehr Gedankenformen zu schaffen als in der Zeit, nachdem sie erkannt hatten, dass sie gleich ihren Bewachern, den Cherubim, die Kraft der Gedanken besaßen.
Dadurch, dass alle Wesenheiten nunmehr einen physischen Körper besaßen, der verletzungsfähig war, traten neue Geschehnisse ein, durch die immer mehr neue Gedankenformen erschaffen wurden.

Aufgrund dieses Ablaufes zeigten diese ersten physischen Menschen, sagen wir einfach, die Adame, weiterhin, und das gilt eigentlich bis in die heutige Zeit, dass sie Spezialisten waren in der Schaffung von Gedankenbildern, die die Kuben des Universums chaotisch verändern.

Damit jeder genau versteht, was "Wesenheit" bzw. 'Seele" ist, und inwieweit Gedankenformen Chaos in unserem Universum verursachen, möchten wir an dieser Stelle eine kleine Berechnung und eine Erklärung einfügen.

Die SEELE des ERDENMENSCHEN und das CHAOS im ERD-KUBUS

Wie wir in dem Kapitel "Die Entstehung des Universums" erkannt haben, existiert unser Universum und alles Sein in der geometrischen Form des Würfels.

Diese Würfel sind vom Makro- bis in den Mikro-Bereich gleich einem Gitternetz diagonal, waagerecht und senkrecht miteinander verbunden.

Die Gedankenform = Wesenheit = Seele entsteht im Mikro-Bereich in der kleinsten Würfel-Einheit, die existiert.

In diesen Würfel-Einheiten, die gitternetzartig über die Diagonalen verbunden sind, befindet sich jeweils ein Myon-Neutrino, gleich wie das System der 1. Ordnung im Universum.

Wenn wir jetzt zum Beispiel aus dieser Einheit willkürlich 100 Würfel als geschlossenes System herausnehmen, so besitzen 50 Würfel einen Inhalt = einem Ur- Masse-Teilchen, und 50 Würfel sind vollständig ohne Inhalt.

Da jeder Würfel inhaltsmäßig 3 Myon-Neutrino`s aufnehmen kann, aber von diesen 100 Würfeln nur 50 mit 1 Myon-Neutrino gefüllt sind, ergibt sich ein Verhältnis von 1 : 5.

Das heißt, die Seele des Menschen bzw. die Wesenheit = Gedankenform besteht, von der Gesamt-Masse der Myon-Neutrino`s her gesehen, aus 1/6 der Myon-Neutrino`s.

Die Würfel, durch die die Wesenheit gleich jeweils 1 Myon-Neutrino existiert, sind die Einheiten, in denen sich der Gedanke = Gedankenbild als Inhalt manifestiert.

Die komplett leeren Würfel, das 2. System, sind die Würfeleinheiten, durch die der physische Mensch existiert. Diese Würfel werden durch die Myon-Neutrino`s, die der Mensch über die Ernährung aus den Elementen aufspaltet, gefüllt.

Sollte Ihnen jetzt das Argument einfallen, dass diese Aussage unlogisch ist, denn wenn zum Beispiel das Gedankenbild der Freiheitsstatue als Gedankenform in Ihrem Gehirn auftritt, so wäre die Masse der Myon-

Neutrino`s eine Menge, die nirgendwo in dem Körper der Wesenheit unterkommen könnte, so ist dies ein Denkirrtum.
Die Bilder unserer Gedankenwelt besitzen innerhalb unseres Körpers Mikro-Bereich-Größe.

Das heißt also, wenn wir eine neue Gedankenform schaffen, sagen wir, wir stellen uns zum Beispiel die Freiheitsstatue vor, dann schaffen wir nicht die Gedankenform in der Größe der realen Form, sondern in uns eine Gedankenform, die sich in der Kraft eines Myon-Neutrino`s als Form manifestiert.
Das bedeutet, der Inhalt eines Myon-Neutrino`s, der aus Kraft oder Geist besteht, es spielt keine Rolle, wie Sie es bezeichnen, bildet diese gedachte Figur als Form innerhalb des Myon-Neutrino`s aus.
Der Inhalt dieser Myon-Neutrino`s ist die Kraft, die, im Grunde genommen, von den Physikern als "Geist im Atom" bezeichnet wird.

Denken wir an eine Form, die gedacht oder in der Materie mit unseren 5 Sinnen wahrnehmbar vorhanden ist, so wird nur eine Druckgröße in die vorhandene Gedankenform eingestrahlt, aber keine neue Gedankenform geschaffen.

Jede Gedankenform wird auf diesem Wege dreimal erzeugt:

-       Das 1. Myon-Neutrino verbleibt in einem dafür bestimmten Kubenbereich in unserem Gehirn.
        Es ist das Myon-Neutrino, das der physische Mensch als "gespeichertes Wissen bzw. Erinnerung" bezeichnet.
-       Das 2. Myon-Neutrino geht in den Körperbereich, der diesem Hirn-Areal, in dem das 1. Myon-Neutrino gespeichert wurde, untergeordnet ist, und manifestiert sich dort in dem Gedankenkörper.
-       Das 3. Myon-Neutrino, in dem holografisch die Gedankenform gleich Matrize vorhanden ist, wird über die Zentrale der Hypophyse durch die sogenannte "Stirn-Chakra", auch als "3. Auge" bezeichnet, nach außen abgestrahlt.

-       Ist der Gedanke bzw. die Gedankenform eine Form, die schon
        existiert, die wir sehen oder über die wir nachdenken, so wird
        dieses 3. Myon-Neutrino in diese vorhandene Form eingestrahlt.
        Auf diesem Wege funktioniert die Gedankenübertragung,
        Geistheilung usw.
-       Ist es jedoch eine Gedankenform, die nicht existiert, dann wird
        diese Gedankenform in die Ur-Masse-Teilchen des Erd-Kubus
        eingestrahlt, baut sich in ihrer realen Original-Größe auf und
        wird über die zuständige Diagonale in den Kubus eingestrahlt,
        den wir Menschen als "Jenseits" bezeichnen.

Im Kubus des Jenseits verursacht die originalgroße Gedankenform
dahingehend ein chaotisches Geschehen, dass sie die gleiche Menge der
im Kubus des Jenseits vorhandenen Myon-Neutrino`s, deren Platz sie
einnimmt, gleich einem mechanischen Druck, verdrängt und diese
Myon-Neutrino`s dadurch in unseren Erd-Kubus als chaotischer Druck
wieder eingestrahlt werden.

Das heißt, die Myon-Neutrino`s, die durch die Form im Kubus des
Jenseits durch die Gedankenform verdrängt werden, gehen als
Resonanz, wirkend wie mechanischer Druck, zurück in den Kubus, in
dem wir Wesenheiten als physische Menschen zur Zeit existieren.
Durch die vielen Reize, die der Mensch in unserer heutigen
hochtechnologischen Zivilisationsgesellschaft erhält, werden von uns
Menschen unvorstellbare Mengen unnützer Gedankenformen
produziert.
Diese Gedankenformen, die, eingestrahlt in den Kubus des Jenseits,
nach dem Gesetz der Resonanz unvorstellbare Mengen von chaotischem
Druck erzeugen, werden wieder in unseren Erd-Kubus eingestrahlt.

Die durch die Gedankenformen freigesetzten Myon-Neutrino`s
bewirken innerhalb unseres Erd-Kubus ein Druckaufkommen in einer
Größenordnung, die die natürliche Ordnung des Erd-Kubus in ein Chaos
verwandelt.
Dieses Geschehen ist einer der Gründe für die immer mehr werdenden
Naturkatastrophen, denen wir, speziell in der letzten Zeit, ausgesetzt
sind.

Berücksichtigen wir bei unserer Überlegung noch den chaotisch mechanischen Druck, den wir durch unsere Technologien erzeugen, zum Beispiel unsere Kraftfahrzeuge, Flugzeuge, alle Arten von Maschinen, die mechanischen Druck erzeugen, die phonografischen Wiedergabegeräte, nicht zuletzt die Atombombenversuche usw., dann kann sich jeder Mensch selbst ein Bild davon machen, welches chaotische Geschehen im Bereich der Myon-Neutrino`s zur Zeit in unserem Erd-Kubus abläuft.

Die im Jenseits, sagen wir, auf Lager liegenden Gedankenformen, die der einzelne Mensch während seines Erdenlebens geschaffen hat, sind die Formen, die der Mensch nach seinem Tod, es ist der Zustand, wenn die Wesenheit den physischen Körper verlässt, im Jenseits in seine Wesenheit speichert und in einem neuen Leben karmabedingt leben muss.

Leben müssen heißt also nichts anderes als die Gedankenformen im physischen Leben materialisieren = realisieren, so dass die Gedankenformen als Myon-Neutrino`s wieder als Einheit in das Ganze zurückkehren können.

Alle Gedankenformen und Gedankenabläufe, die wir schaffen, bis auf menschliche Formen, die wir nach unserem Bild erschaffen haben, werden zu materiellen Verkörperungen, ohne die Kraft des Denkens zu besitzen.
Menschliche Wesenheiten, die wir nach unserem Bild geschaffen haben, sind, gleich uns, Wesenheiten, die die Kraft der Gedanken besitzen.

Diese Wesenheiten werden nicht im Jenseits gelagert, sondern in andere Kuben eingestrahlt, in denen sie ein eigenständiges Leben genauso wie wir führen.
Diese Kuben, deren Mittelpunkt Planeten sind, sind die Bereiche, von denen unsere Wissenschaftler heute selbst sagen, dass allein in unserer Galaxis circa 200.000.000 Planeten existieren, von denen angenommen wird, dass 100.000 dieser Planeten von Wesenheiten bewohnt werden, von denen viele geistig und technologisch weiter sind als wir Erdenmenschen.

Gedankenbilder, die wir in die Tat umsetzen, dazu gehören auch die Gedankenbilder, die als Wort ausgesprochen werden, sind Gedankenformen unseres Karmas.

Gedankenformen, die wir psychisch isoliert schaffen, nicht tun und nicht aussprechen, sind die Gedankenformen, die im Jenseits gelagert werden und, eingebunden in ein neues Leben = Inkarnation, gelebt werden müssen.

Denken wir realitätsbezogen an Gegenstände und reale Abläufe unseres Lebens, ohne sie träumerisch unrealistisch auszuschmücken, sind das Gedankenformen, die in real vorhandene Formen und Abläufe eingestrahlt werden.

Wunschträume = Gedankenformen, ob im Guten oder Bösen, sind die Gedankenformen, die immer wieder gleich einem Teufelskreis die Inkarnation unserer Wesenheit in ein neues Erdenleben bewirken.

Alles das, was wir in unserem Erdenleben selbst tun, ob gut oder bös, wenn wir diese Begriffe verwenden wollen, ist karma-bedingtes Leben.

Das, was andere tun und was in unseren Lebensablauf eingreift, ist genauso karma-bedingt, als wenn wir es selbst tun würden.

Es ist das Gesetz der Resonanz.

"Was du säest, musst du ernten. - Auge um Auge, Zahn um Zahn."

Oder wie der Volksmund es ausdrückt, "Was du nicht willst, das man dir antut, das füg' auch keinem anderen zu."

Ein Menschenleben ist nichts weiter als eine Sekunde der Ewigkeit.

Der Grund, warum wir Menschen diese Erklärung nicht hundertprozentig akzeptieren, ist der Faktor Zeit.

In dem Leben, das man gerade lebt, interessiert einen im Grunde genommen nur das, was man jetzt lebt und wie es einem jetzt geht.

Geht es uns gut, nehmen wir es als selbstverständlich an und versuchen, es auf alle Fälle, egal auf wessen Kosten, zu erhalten.

Ein Ich-bezogenes Leben bestimmt unser Sein. Das Sein der anderen interessiert uns kaum noch.

Besitzgier, Intoleranz und Geiz bestimmen im Großen und Ganzen den Ablauf unseres Lebens, auch, wenn wir ab und zu mal großzügig sind.

Dass wir dadurch in unserem nächsten Leben genau das Entgegengesetzte leben müssen, denn es ist als Gedankenform im

Jenseits gespeichert, interessiert uns in diesem Leben, wenn es uns gut geht, zunächst einmal nicht.

Geht es uns schlecht und wir zählen zu den Nicht-Privilegierten, dann werden wir neidisch und sagen, dass die anderen oder die Gesellschaftsform an unserem Elend schuld sind.
Es wird Zeit, dass wir erkennen und aufhören zu jammern. Wir selbst ganz allein, nicht Gott und nicht unsere Schöpfer, bewirken unser Dasein.
Erst wenn wir begreifen, dass wir mit unseren Gedanken unser Sein selbst bewirken, jetzt und immer, können wir anfangen, unser physisches Leben so zu gestalten, dass der Teufelskreis unterbrochen wird.
Denn in dem Moment, wo wir erkennen, dass unser Sein nach den Gesetzen, die in unserem Universum existieren, abläuft, und wir die Gesetze akzeptieren und danach leben, sind wir erleuchtet und reif für die Einweihung.

XI.

Die ERSCHAFFUNG
des STERBLICHEN MENSCHEN

Da die Adame, die als erste physische Menschen erschaffen wurden, das ewige Leben besaßen und die Erkenntnis, dass sie Gedankenformen schaffen können, nicht verlernt hatten, entschlossen sich unsere Schöpfer dazu, den physischen Menschen sterblich zu machen.

In der Bibel wird dieser Vorgang symbolisch als die Erschaffung Evas "aus der Rippe des Mannes" geschildert.
Zur Erhaltung der Art benutzten sie im kubischen Geschehen des Menschen die Energie-Diagonale, die seit dieser Zeit den physischen Menschen als Sexualbereich bekannt ist.
Alle überschüssigen Myon-Neutrino`s des Druckes, die in den Diagonalen vorhanden sind, werden in den Sexualbereich eingestrahlt und erzeugen nach einer gewissen Zeit einen starken Überdruck.
Dieser Überdruck wird beim sogenannten Sexualverkehr bzw. bei der Zeugung vom Mann benutzt, um im Sog der Abgabe des Überdrucks seine Samenzellen gleich Spermatozonen in den Sexualbereich der Frau, in dem sich die Oozyten gleich Samenzellen der Frau befinden, einzustrahlen.

Das sexuelle Gefühl, das bei einem Menschen aufkommt, tritt dann ein, wenn der Überdruck eine bestimmte Größenordnung erreicht hat.

Dass der physische Erdenmensch nur eine begrenzte Lebenszeit besitzt, hat folgenden Grund:
Stirbt der Mensch, geht seine Wesenheit = Gedankenkörper, wie schon erklärt, aus dem Körper und wird über die Diagonale des Erd-Kubus, die in den Kubus des sogenannten Jenseits führt, in das Jenseits eingeschleust.
Das physische System, = "Körper des Menschen", löst sich durch den chaotischen Druck, der im Elementbereich der Erde vorhanden ist, wieder in die Elemente der Erde bzw. in die Myon-Neutrino`s auf.

124

Alle materiellen Gedankenbilder, die nicht die Kraft der Gedanken besitzen, die der Erdenmensch während seines Erdenlebens geschaffen hat und die in den Kubus des Jenseits abgestrahlt waren, findet die Wesenheit im Jenseits wieder vor.
Die Wesenheit nimmt die Ur-Form, das holografische Myon-Neutrino, aus der Gedankenform und speichert es in sich.
Die vorhande gewesene Original-Form des Gedankenbildes erlöscht in diesem Moment, und die Myon-Neutrino`s der aufgelösten Gedankenform binden sich wieder, aufgrund ihrer Bindungskräfte, in die 1. Ordnung, die in diesem Kubus vorhanden ist, ein.

Das heißt, die Myon-Neutrino`s des Gedankenbildes werden als Gedankenbild aufgelöst und gehen wieder in die Ordnung des Kosmos, um neue Gedankenbilder aufzunehmen.
Hat die Wesenheit die vorhandenen holografischen Myon-Neutrino`s ihres Gedankenpotentials gespeichert, beginnt sie eine neue Inkarnation gleich Wiedergeburt im Erd-Kubus als Mensch, und füllt das biologische System mit den Myon-Neutrino`s der Elemente der Erde.
Es ist der Vorgang, den wir als "Wachstum" bezeichnen.

Während seines Lebens wirkt nun die gespeicherte Gedankenform als Reiz und erzeugt im Gehirn des physischen Menschen die gespeicherte Gedankenform neu. Nach dieser Gedankenform lebt der Mensch.
Sein Tun und all das, was geschieht, ist die Materialisation der gespeicherten Gedankenbilder. Es ist das, was man als Karma-bedingtes Leben bezeichnet.
Während einer nicht bestimmbaren Zeit wird die materialisierte Gedankenform durch den mechanischen Druck des Umfeldes in ihre Myon-Neutrino`s aufgelöst.
Es ist ein reiner physikalischer Ablauf, der dem Gesetz des Kosmos unterliegt.

Wenden wir uns noch einmal dem physischen Menschen zu, damit wir das Gesagte noch besser verstehen und erkennen.
Der physische Mensch besteht aus nichts anderem als aus Atomen und Molekülen sowie, wie schon beschrieben, aus Ionen. Bedenkt man, dass er ununterbrochen aus seiner Umwelt Myon-Neutrino`s, man kann sie auch als Reize bezeichnen, erhält, muss einem klar sein, dass diese

Molekularstruktur Mensch Massen von überzähligen Myon-Neutrino`s gleich Energie-Einheiten aufgenommen hat und in sich trägt. Sie nimmt sie auf und muss sie auch wieder abstrahlen.

Dass diese Myon-Neutrino`s auch wieder abgestrahlt werden, ist wissenschaftlich bewiesen. Wäre das nicht der Fall, würde die Molekularstruktur des Menschen explodieren bzw. in kürzester Zeit kristallisieren.
Kristallisationen, die im Gehirn entstehen, erkennen wir speziell bei alten Menschen, bei denen die leeren Kuben durch Gedankenformen soweit gefüllt sind, dass sie kaum noch in der Lage sind, Neues aufzunehmen.
Es ist das, was wir als "sture oder starre" Denkungsweise bezeichnen.
Bei jungen Menschen, die Lernschwierigkeiten aufweisen, entstehen Kristallisationen durch einseitiges Denken.
Die Kristallisationen verhindern, dass über die Diagonalen des 1. Systems Myon-Neutrino`s in die zuständigen Hirn-Areale eingeschleust werden können, in denen das neue Wissen gespeichert wird. Das einseitige Denken, speziell heute bei jungen Menschen, liegt daran, dass ihnen kaum noch die Möglichkeit gegeben wird, ihr Leben in allen Seinsbereichen philosophisch zu betrachten und dadurch neues Wissen zu speichern.

Von Anfang an werden sie zu Ich-bezogenem materialistischen Denken angehalten, bei dem nur noch ihre eigene Profilierung im Vordergrund steht.
Erst wenn die durch die Kristallisation nicht speicherfähigen Myon-Neutrino`s = Gedankenformen motivierende faszinierende Gedankenformen in sich tragen, die man als starken Druck bezeichnen kann, können diese Kristallisationen überwunden werden. Erst dann besitzt die betroffene Person wieder ein Aufnahmevermögen für neues Wissen.
Die Thematik dieser Erkenntnis könnte man tagelang fortsetzen.

Wenn wir an dieser Stelle akzeptieren, dass der Ursprung allen Seins die Ur-Kraft ist, die in dem geometrischen Gebilde zweier mit den Spitzen aufeinander stehenden kubischen Pyramiden sich selbst bewirkt, bei der die Dynamik dieser Ur-Kraft darin liegt, dass sie sich gesetzmäßig in

126

einer Art von Rotation befindet und sich selbst als Bewegungskraft bewirkt, kann der Ablauf nur so sein, wie wir ihn bis hierhin geschildert haben.

Es sind 2 Komponenten, die unserer Meinung nach die Wissenschaft daran hindern zu erkennen, dass es nur eine Kraft gibt, die strukturiert sich selbst in Bewegung hält.

Unseres Erachtens liegt im Folgenden das Fehldenken unserer heutigen Wissenschaft.

Die Wissenschaft sagt: "Druck kann nur etwas, was vorhanden ist, in Bewegung setzen, und das in Bewegung Gesetzte gibt aufgrund seiner Bewegung wieder Druck ab."

Denken wir bei der Ur-Masse, und das ist das, was von den Physikern seit jeher versucht wurde zu beweisen, dass die Ur-Masse, das Wort sagt es schon, aus irgendeiner Kraft besteht, dann ist das richtig.

Im Grunde genommen ist für uns Menschen etwas anderes gar nicht denkbar, da wir von Anfang an auf der Schiene geforscht haben und glauben, dass das Ur-Teilchen ein Teilchen sein muss. Also etwas, was man, wenn die Technik vorhanden ist, es zu erkennen, im Endeffekt sehen und anfassen kann.

Sagen wir einfach einmal als Beispiel, auch wenn es für den Menschen nicht denkbar ist, dass die Ur-Masse nichts anderes ist als sich selbst bewirkender Druck, eine Kraft, die nach bestimmten Gesetzmäßigkeiten in einem geschlossenen System, sagen wir, in dem System zweier auf der Spitze stehenden Pyramiden, abläuft, dann haben wir das entdeckt, was die Physiker suchen und an dessen Grenze sie gestoßen sind.

Das Teilchen und gleichzeitig das, was die Hoch-Energie-Physiker glauben gefunden zu haben, den "Geist im Atom". Etwas, was ist, was jeder Mensch schon gespürt hat, die Energie-Quanten des Druckes, kann nur die Ur-Masse allen Seins sein.

Nur Druck kann Bewegung verursachen, und nur Bewegung kann Druck erzeugen.

- Das ist ein Gesetz.

Die Frage, die sich stellt, ist, "Brauchen wir Masse, um etwas in Bewegung zu versetzen?" Wir glauben, ja.

Mit der strukturierten Ur-Masse als Myon-Neutrino`s haben wir die Masse, die Bewegung bewirken kann, dadurch, dass sie als

geschlossenes System Bewegung selbst ist und durch ihr geschlossenes
System andere Masse, die im Endeffekt aus Ur-
Masse-Teilchen (Myon-Neutrino`s) besteht, in Bewegung setzen kann.
Die Quintessenz: Geist und Materie können nur aus ein und
derselben Ur-Masse bestehen. Aus der dynamischen Dualität
Druck und Bewegung.
Akzeptieren wir die vorab niedergeschriebenen Erkenntnisse,
dann gibt es kaum noch etwas Unerklärliches, was nicht logisch
erklärbar ist.

Über 20 Jahre lang haben wir die Behauptungen, die im
vorhergehenden Kapitel niedergeschrieben stehen, durch
unzählige Experimente überprüft. Alle Experimente und
Erkenntnisse bestätigten in jeder Richtung diese Behauptungen.
Alles das, was der Mensch heute noch als unerklärlich und mysteriös
bezeichnet, wird durch diese überprüften Behauptungen entschlüsselt
und erklärbar gemacht.
Das, was der Mensch in allen Bereichen seines Seins als
unerklärlich bezeichnet, wird logisch schlussfolgernd erklärbar.
Phänomene der sogenannten "weißen und schwarzen Magie",
von der Geistheilung bis zur allopathischen Medikamentierung,
vom Hexenkult bis zum Voodoo-Zauber - es gibt nichts, was
der Mensch mit diesen Erkenntnissen nicht erklären und mit
seinem Verstand erfassen kann.

Ausführliche Schilderungen, die den Sinn und Zweck des
Erdenlebens des Menschen erklären, sowie das, was wir in 20
Jahren Forschung auf der Grundlage dieser Erkenntnis entdeckt
und entschlüsselt haben, ist zu einem großen Teil in den Büchern
niedergeschrieben, die wir am Ende dieses Buches vorstellen.

Da es nicht der Ort, nicht die Zeit und nicht der Raum ist und
wir Sie in diesem Buch nicht mit physikalischen Gesetzen und

Abläufen überfordern wollen, lassen wir es einfach bei dieser
Ausführung, die bis jetzt niedergeschrieben steht, bewenden.
Wissenschaftlich überprüfbare Aussagen werden wir zu einem anderen
Zeitpunkt offen legen und veröffentlichen.

Das bis hierhin Geschilderte waren, im Groben gesehen, die Erkenntnisse, die wir bis zu diesem Zeitpunkt gefunden hatten.
Es war ein jahrelanger Weg. Am Anfang gab es nichts, was wir nicht angezweifelt haben. Aber alles, was uns der Eingeweihte erklärt hatte, erwies sich als Realität.
In einer der zu diesem Zeitpunkt geführten Diskussionen stellten wir uns die Fragen,
"Was passiert im Körper des Menschen, wenn er sich längere Zeit im Mittelpunkt einer Pyramide aufhält?
Wo kommen die Bilder her, die Abläufe, die so absolut realistisch sind, so, als wenn man sie als physischer Mensch erlebt?
Was läuft ab in unserem Gehirn und wie funktioniert das?
Ist es nur ein subjektives Geschehen, ein subjektiver Ablauf, oder ist es ein reales Geschehen?".

Es war ein Gespräch, eine Diskussion, die eine ganze Woche andauerte. Nach diesem Gespräch hielt einer unserer Mitstreiter es nicht mehr aus und verlangte eine Sitzung in der Pyramide.

XII.

Das Zweite EXPERIMENT
mit der SEELE

Die Anordnung des Experimentes war gleich wie bei der 1. Sitzung.
Es lief alles normal ab, und nach 8 Stunden wurde das Experiment, wie vorher abgesprochen, unterbrochen.

Als die Testperson nach 8 Stunden aus der Pyramide kam und wieder klar, bewusst dachte, war ihre Reaktion komplett anders als die der 1. Versuchsperson.

Ein Mann, 32 Jahre alt, unter uns der Träumer.
Sagen wir Träumer, können wir gleichzeitig das Wort "Verdränger" einsetzen.
Er war derjenige unter uns, der am "positivsten" dachte, wenn wir das Wort "positiv" durch das Wort "träumen" ersetzen.
Für ihn gab es nur Erfolg, von vorneherein nur Erfolg. Er war einer von denen, die auch überwiegend Erfolg hatten, doch ging ein Experiment mal den Bach runter, dann fiel er genauso schnell in die sogenannte Depression und glaubte an nichts mehr.

Als er aus der Pyramide kam, hatte er einen Gesichtsausdruck wie ein kleines Kind, das zu Weihnachten all das bekommen hat, was auf dem Wunschzettel stand.
Im Grunde genommen benahm er sich so, dass bei uns der Gedanke kam, er spiele uns etwas vor, um zu beweisen, dass er das gleiche Erlebnis hatte wie die 1. Testperson.
Aber, wie schon gesagt, wenn wir Menschen mit dem Verstand denken, kommt meistens auf gut deutsch gesagt "Sch..." raus.
Das Erlebnis, das er hatte, war etwas ganz anderes. Es war fast entgegengesetzt zu dem, das die 1. Testperson hatte.
Wie sich herausstellte, war dieses absolut glückliche Gesicht eigentlich dadurch entstanden, das er sozusagen in der letzten Sekunde, ehe wir ihn

130

herausholten, etwas Ähnliches wie die Absolution der Kirche erhalten hatte.
Da er als Verdränger lebte, war sein Besuch in der Schublade wie ein Hammer auf den Schädel.

Heute, da wir die Zusammenhänge kennen, können wir darüber lachen. Sein Gemütszustand zu der damaligen Zeit verursachte bei uns einen Ausfall des Experiments von 8 Tagen.
In diesen 8 Tagen hatten wir nichts anderes zu tun, als ihn auf dem Schoß zu halten, ihn zu trösten und ihm immer wieder zu sagen, er sei ein guter Mensch.

Er hatte alles begriffen und nichts begriffen.
Er hatte sich in seinem Verstand ein Bild von sich aufgebaut, in dem er, um es mit anderen Worten auszudrücken der 2. nach Gott war, und konnte nun nicht begreifen, nachdem er es erkennen musste, dass dieses Leben immer auf Kosten von anderen gegangen war.
Es war nicht einfach, ihm klar zu machen, dass er keine Schuld an diesem Leben hatte, dass es sein Karma war.
Als er merkte, dass wir ihn trotzdem, da nun sein Wesen offen vor uns lag, voll akzeptierten und er ruhig weiter den großen Zampano spielen konnte, wenn es ihm danach war, konnten wir wieder an die Arbeit gehen.

Zu bemerken wäre noch, dass er sein Zampano-Denken am Anfang noch ab und zu an den Tag legte, doch nach 1 Jahr hatte er es komplett abgelegt.
Er veränderte sich nicht nur dahingehend, dass alle Menschen ihn sehr sympathisch fanden, dass er ein guter Zuhörer wurde, ein Beichtvater für seinen ganzen Freundes- und Bekanntenkreis, sondern er wurde auch zu einem menschlichen Wesen, dem man in jeder Situation des Lebens von Anfang an Vertrauen entgegenbrachte.

Damit Sie erfahren, was er erlebt hat, eine kurze Zusammenfassung seines Berichtes über den Ablauf des Experimentes.
"Da ich ein erfolgsgewohnter Mensch bin, habe ich von der 1. Minute an versucht, mich nicht loszulassen, sondern das zu erreichen, was ich will."

Diese Aussage, die hier kurz gerafft niedergeschrieben steht, ist eine Aussage, die er nicht am gleichen Tag machte, dazu war er gar nicht fähig, sondern erst 14 Tage später.

"Es war also ein Wollen. Kurz: Der Hintern tat mir weh, von meinem restlichen Körper gar nicht zu sprechen. Allein der Kopf war so voller Erwartungs-Gedankenbilder, dass ich nach circa einer ¼ Stunde schon in "meinem Tal" war.
"Mein Tal" war ein Traum für mich. Die Menschen, unvorstellbare Massen, holten mich am Weg mit einer Sänfte ab und trugen mich durch die Masse der Menschen.
Alles jubelte, so nach dem Motto "Endlich ist er da!"
Von bildschönen Frauen in durchsichtigen weißen Umhängen wurde ich auf meiner Sänfte zu einer großen Eiche, die goldene Früchte trug, getragen.
Drei alte Männer mit schlohweißem Haar und weißen goldbestickten Umhängen standen unter der Eiche und verbeugten sich tief vor mir.
Alles andere zu schildern, was mir an Ruhm, Reichtum und Macht zuteilwurde, würde die Grenzen dieses Buches sprengen.
Ich fühlte mich als Nr. 1 hinter Gott.
Als ich den Zenit meines Ruhmes gerade erreicht hatte, erklang die Glocke als Signal, das mir das Ende der 1. Stunde ankündigte. Ich war sofort hellwach, und 2 Wünsche stritten in meiner Brust.
Einmal hätte ich das Experiment gerne sofort unterbrochen, um meinen Mitstreitern voller Stolz berichten zu können, dass mein Erlebnis das der 1. Testperson um Längen schlug.
Der andere Wunsch war: Zurück in mein Ruhmestal.
Ich entschloss mich für das zweite.

Ich versetzte meinen Körper wieder in die mir angenehmste Stellung und war innerhalb kürzester Zeit in dem Tal. Ich erlebte wieder all das, was ich erleben wollte. Ich behaupte hier sogar, dass ich das, was ich erlebte, nicht vorgedacht hatte, dass es einfach da war. Und wenn ich ehrlich bin, muss ich gestehen, dass es mir gefallen hat, auch heute, 4 Wochen nach dem Test.
Es war nichts Schlechtes. Es war fast das gleiche wie ein Traum von all den schönen Sachen, die man haben möchte, wenn man einmal 6 Richtige im Lotto hat. Es waren menschliche Gedanken.

In der 3., 4. und 5. Stunde lief alles genau nach dem gleichen Muster ab. Ich war in einem euphorischen Zustand. Das körperliche Gefühl war Leichtigkeit, Lockerheit.

Dann kam die 6. Stunde. Irgendwie war ich es müde, immer wieder zurückzugehen in dieses Tal, und sagte mir "Mach es mal so, wie es die 1. Testperson geschildert hat, halte die Gedanken nicht fest."

Und ich hielt die Gedanken nicht fest.

Ich weiß nicht, an was es gelegen hat und ob das der normale Vorgang ist, dass ich trotzdem eine Erwartungshaltung auf die Person hatte, die mich abholte.

Aber es passierte nichts.

Ich kann nicht sagen, ob dieser Gedanke dazu beigetragen hat, dass ich, ohne dass ich es beabsichtigte, in die Ruhe kam, um das Erlebnis zu haben, das die Pyramide bewirkt.

Körperlich fühlte ich mich Top fit. Da war eine solche Schwerelosigkeit. So, wie es die 1. Testperson berichtet hatte. Als ob alles Schwere aus dem Körper entfernt worden wäre.

Gleichzeitig hatte ich auf einmal ein unwahrscheinliches Gefühl, so als ob ich mit ungeheurer Geschwindigkeit durch einen Tunnel raste, einem hellen Licht entgegen.

Als ich das Licht erreicht hatte, befand ich mich plötzlich in einem großen Saal mit Wänden ringsum voller Schubläden, auf denen alle Buchstaben in Goldprägung aufgesetzt waren.

Auf einem erhöhten thronähnlichen Gestell saß eine Person, weiß gekleidet. Unter ihr stehend kam ich mir wie ein Däumling vor. Ihre Augen waren tiefschwarz, und sie wirkte auf mich irgendwie drohend.

Plötzlich, wie ein Trompetenstoß in einem großen Dom, hörte ich eine Stimme, die laut sagte: "Das ist dein Sein."

Ich fühlte nur, wie ich immer kleiner wurde. Die Person vor mir einschließlich des Drohens war verschwunden. Ich stand inmitten des Raumes und sah wie gebannt auf den Buchstaben E. Eine unvorstellbare Angst hinderte mich daran, auf die Schublade, die immer größer wurde, zuzugehen, sie anzufassen und aufzuziehen.

Plötzlich hörte ich wieder die Stimme, die anklagend brüllte: "Zieh sie auf!"

Angstzitternd erfasste ich den Griff und zog sie auf. Plötzlich bei dieser Bewegung sah ich meine Frau vor mir und meine zwei Kinder, und ich

befand mich in meinem Leben. So, als ob es gegenwärtig wäre. Aber ich wusste, all das hatte ich gelebt. Ich sah mich, wie ich mit meiner Frau lebte. Ich sah ihre Gedanken. Ich sah die Angst meiner Kinder. Ich sah ihre Einsamkeit, ich sah ihre Tränen.
Ich sah meine Überheblichkeit, durch die sie einsam geworden waren. Ich sah all das, was, wenn ich heute darüber nachdenke, für mich unvorstellbar ist, und doch war ich die Person, die es verursacht hatte.
Es war nichts Großes. Ich habe nicht geschlagen. Ich habe nicht gebrüllt. Es waren alles kleine miese ich-bezogene Sachen, durch die ich meiner Frau und meinen Kindern unsagbares Leid zugefügt habe.

Ich sah zum Beispiel einen Urlaub, den wir uns eigentlich finanziell gar nicht leisten konnten, mich als den großen Zampano Tennis spielen und gleichzeitig die Tränen meiner Kinder und das Leid meiner Frau, das Verweigern aus Angst vor mir, den Kindern ein Eis zu kaufen und dadurch Geld auszugeben, da ich immer wieder gesagt hatte, dass wir sparen müssten.
Ich erkannte, dass ich alles verursacht hatte.
Es waren die schrecklichsten Stunden meines Lebens, denn es ging um das Wichtigste in meinem Leben, um das Zusammenleben mit denen, die ich liebte. Für die ich alles tun würde, wie ich sagte.
Und doch hatte ich alles nur für mich getan.

Es war wie ein roter Faden, wie sich diese absolute Ich-Bezogenheit durch meine Ehe und mein Familienleben zog. Das Schlimme an dieser ganzen Angelegenheit war, dass ich erkennen musste, dass mein Verstand mir eingeredet hat, ich hätte eine glückliche Ehe und ein glückliches Familienleben. Ich musste erkennen, dass ich es hatte, aber nicht mein Partner und meine Kinder.
Das Schlimmste war eigentlich das Erkennen, dass all das nicht mehr ungeschehen gemacht werden konnte, da es die Vergangenheit war.
Ich will nicht ins Detail gehen, aber es wäre noch zu dem Erlebten zu sagen, was ich im Nachhinein erkannt habe.

Dass ich in diesem Experiment sehr stark mit der Vergangenheit konfrontiert wurde, liegt daran, dass ich eigentlich von meiner Kindheit an gar nicht anders leben konnte. Mein Vater, jetzt, nachdem ich darüber nachgedacht habe, ist mir das klar, hat mir durch sein Tun dieses so absolut patriarchalische Denken wie einen Stempel aufgedrückt.

Heute weiß ich, dass mir nichts Besseres passieren konnte, als dieses Geschehen im Experiment zu erleben.
Auch wenn ich mich meiner Frau absolut offenbart habe, so weiß ich doch, dass es ein langer Kampf sein wird, um all das Angelernte abzustellen und umzudenken.

Es ist ein Vorgang, den man nur mit dem Partner schafft, mit dem man das Negative erlebt hat.

Der glückliche Gesichtsausdruck, von dem meine Kollegen sprachen, den ich hatte, als sie mich aus der Pyramide holten, hatte einen einfachen Grund.

Im letzten Moment, bevor ich in diese jetzige sogenannte Realität zurückgeholt wurde, erlebte ich Zwischenetappen meines zukünftigen Ehe- und Familienlebens.
Es waren Abläufe, bei denen ich diese innere Freiheit spürte, die man als absolutes Glücksgefühl bezeichnen kann.

Da wir uns über die Experimente noch kein Urteil erlauben können, werde ich wahrscheinlich so lange in einer gewissen Angst und Unruhe leben, bis eines der erlebten Zukunftsbilder zu physischer Realität geworden ist.
Aber auch dabei habe ich erkannt, dass dieses Angstgefühl mir hilft, sehr zart und vorsichtig speziell in dem Bereich meiner Ehe und Familie auf jede Begebenheit zu reagieren.

Im Grunde genommen bin ich heute sehr dankbar für das Erlebte, denn hätte mich jemand darauf aufmerksam gemacht, dass mein Ehe- und Familienleben ein Traumgebilde ist, welches ich mir selbst nur einrede, hätte ich ihn wahrscheinlich als Phantast hingestellt.
Für mich war es Karma-bedingt unbedingt erforderlich, die Erfahrung des Experiments zu machen, denn nur auf diesem Wege konnte mir mal klar gemacht werden, dass ich eigentlich ein Schaumschläger war bzw. vielleicht sogar noch bin.

Auch wenn ich etwas Angst habe, eines weiß ich mit Sicherheit: Ich werde dem nächsten Experiment gespannt entgegen sehen, an dem ich als Testperson teilnehme.

Heute ordnen wir den Wunsch unseres Mitarbeiters, seine Neugierde zu befriedigen, ganz anders ein als zu dem Zeitpunkt, als er den Wunsch äußerte, das Experiment durchzuführen.

Nach diesem letzten Experiment beschlossen wir, zunächst einmal auf experimentelle Abläufe zu verzichten, bis wir klar erkannt haben würden, welche Abläufe bei den Testpersonen vor sich gehen.
Vor allen Dingen stellte sich immer noch die Frage, für die wir auch nach diesem Experiment keine Erklärung fanden,
"Was bewirkt die geometrische Form der Pyramide im Bereich des Gehirns dahingehend, dass vergangene Erlebnisse gleichzeitig mit einer erkennbaren Eigenanalyse versehen aus dem Unterbewusstsein in das Bewusstsein dringen?
Welche Abläufe können im Gehirn diese Phänomene bewirken?"

Damit Sie das Ergebnis der Hypothese, die wir nach circa 4 Wochen harter Arbeit erstellten, begreifen, möchten wir das, was der Eingeweihte uns über die Abläufe, die dieses Phänomen verursachen, geschildert hat, noch einmal in seinen eigenen Worten niederschreiben.

Damit Sie das Ergebnis der Hypothese, die wir nach circa 4 Wochen harter Arbeit erstellten, begreifen, möchten wir das, was der Eingeweihte uns über die Abläufe, die dieses Phänomen verursachen, geschildert hat, noch einmal in seinen eigenen Worten niederschreiben.

Damit Sie das Ergebnis der Hypothese, die wir nach circa 4 Wochen harter Arbeit erstellten, begreifen, möchten wir das, was der Eingeweihte uns über die Abläufe, die dieses Phänomen verursachen, geschildert hat, noch einmal in seinen eigenen Worten niederschreiben.

XIII.

Erklärung des EINGEWEIHTEN
über das PHÄNOMEN
"ICH-KONTAKT mit seiner eigenen WESENHEIT"

Alles Sein vom Makro- bis zum Mikro-Kosmos ist kubisch.

Das ist ein Gesetz, auch wenn die heutige physikalische Forschung es noch nicht akzeptiert, da es viele sogenannte wissenschaftliche Theorien über den Haufen werfen würde.

Ich gehe in der Behauptung sogar noch weiter:

Es ist ein starres kubisches System, in dem alles Sein dynamisch wirkt und bewirkt wird.

Um Vergleichsmöglichkeiten zu schaffen, die jeder versteht und die auch auf der Erkenntnis der heutigen Wissenschaft aufgebaut sind, verwenden wir einfach als Beispiel die kristalline Struktur des Diamanten.

Die Kristall-Struktur des Diamanten ist kubisch, das heißt, sie besteht aus pyramiden-förmigen geometrischen Anordnungen, die würfelförmig, also kubisch, gesetzmäßig geordnet sind.

Diese Kuben sind in ihren kleinsten Würfeln, die alle gefüllt sind mit den Myon-Neutrino`s, über die Diagonalen verbunden und bilden eine Systemeinheit durch die Diagonalen, die alle Würfel miteinander verbinden.

Wird ein kristalliner Stoff durch hohen Druck gesprengt, so zeigen sich an den Bruchstellen immer würfel- oder pyramidenförmige Strukturen.

Sprechen wir zum Beispiel von einem lupenreinen Diamanten, so besteht dieser Diamant aus komplett gefüllten Kuben.

Sprechen wir von einem unreinen Diamanten, dann spricht der Fachmann von "Einschüssen".

Wir würden es mit den Worten ausdrücken: "Er hat hohle Würfel und besitzt dadurch keine reine kristalline Verbindung."

Nehmen wir einen anderen Stoff, zum Beispiel ein Stück Felsgestein, so müssen wir uns den Aufbau, kubisch gesehen, wie folgt vorstellen:
Ein Teil der Struktur des Felsgesteins besitzt abwechselnd ungleichmäßig Würfeleinheiten, die komplett oder nur teilweise mit Myon-Neutrino`s gefüllt sind.
Dieser Stein ist kein kristallines Gebilde, aber auch keine sogenannte lebendige Materie.

Wenden wir uns vergleichend der lebendigen Materie zu, so ergibt sich, vom Grashalm über das Tier bis zum menschlichen Körper, nur ein geometrischer kubischer Aufbau, der das Lebendig-Sein überhaupt erst ermöglicht:

Das geometrische Würfel-Kubus-Gebilde, aus dem der physische Mensch besteht, besitzt 2 Systeme.
Das 1. System, durch das die Wesenheit existiert, hat in seinem Würfelsystem in jedem Würfel nur 1 Myon-Neutrino, das die Form der Wesenheit bildet.
Der verbleibende Hohlraum, in dem jeweils 2 Myon-Neutrino`s gespeichert werden können, ist der Raum, in dem die Gedankenformen, die der Mensch denkt, gespeichert werden.

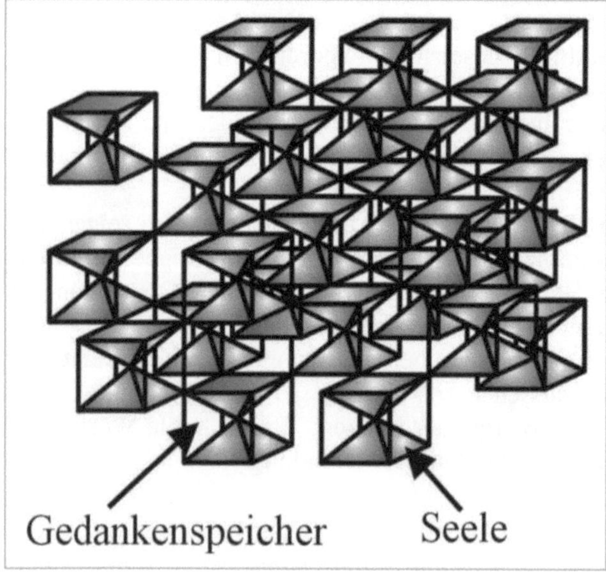

An dieser Grafik erkennen Sie genau, dass die verbindenden Diagonalen der einzige Weg sind, auf dem von außen Myon-Neutrino`s in das System dieses Kubus-Gebildes ein- und ausgestrahlt werden können.

Der physische Körper des Menschen besteht aus einem 2. System.

In der folgenden Abbildung, die auch eine Wiederholung ist, erkennen Sie, dass dieses System ganz anders strukturiert ist.

Aber auch in dieses System werden die Myon-Neutrino`s, die wir über die Ernährung aus den Elementen beziehen, nur über die Diagonalen der Würfel weitergeleitet.
Aus seinem Umfeld erhält der Mensch, da eine ewige Wechselwirkung zwischen der Materie besteht, eine ewige Einstrahlung von Myon-Neutrino`s.

Jede Farbe, jede Form und jeder Ton strahlt ununterbrochen Myon-Neutrino`s ab, die der Mensch in sein physisches kubisches System aufnimmt und wieder abstrahlt.

Befinden wir uns in der freien Natur, in der keine, wie die Bibel sagt, "Monster", das heißt künstlich erschaffene Molekular-Gebilde oder nicht naturgegebene Töne, Geräusche, angefangen bei der Schwingung einer elektrischen Hochspannungsleitung über Kraftfahrzeuge bis hin zu Flugzeugen usw., vorhanden sind und wirken, erhalten wir nur die natürlichen harmonischen Abstrahlungen (Frequenzen) der Myon-Neutrino`s eingestrahlt.
Der Mensch befindet sich dann in einem harmonischen Austausch mit den Wesenheiten der Natur.

Sprechen wir von radioaktiven Strahlen, von Umweltverschmutzungen der Luft, die schädlich auf den menschlichen Körper einwirken, so stellt sich wieder die Frage:
"Was wirkt auf uns ein? Was sind diese sogenannten radioaktiven Strahlen, die zum Beispiel bei dem Reaktor-Unglück in Tschernobyl ausgetreten sind und unsere Nahrung in allen Bereichen verstrahlt haben?"

Es sind Myon-Neutrino`s, die sich zu sub-atomaren Teilchen verbunden haben und, eingestrahlt in den physischen Körper, Würfeleinheiten des 2. Systems des Menschen, der Tiere und Pflanzen so kristallisieren, dass der Weg für normale aus der Nahrung stammende Myon-Neutrino`s versperrt wird.

Da die nicht naturgegeben verbundenen Myon-Neutrino`s, die durch hohen Druck entstanden sind, als Strahlungen eingestrahlt werden und, sagen wir einfach, sehr feinstofflich sind, um überhaupt einen Begriff zu finden, durch den sich der Mensch eine Größenordnung vorstellen kann, füllen sie die Kuben in einer Art, die fast zu einer Kristallisation innerhalb des kubischen Aufbaus des menschlichen Körpers führt.

Bei der Umweltverschmutzung sind es Molekular-Gebilde in der Luft, die fast genauso auf den menschlichen Körper wirken, nur dass diese Molekularstrukturen in den grobstrukturierten Regelkreisen des

140

physischen Systems Verbindungen gleich Kristallisationen eingehen, die den naturgegebenen Ablauf genauso behindern wie die nicht naturgegebenen Verbindungen der Myon-Neutrino`s.
Läuft in einem menschlichen Körper, in diesen in sich geschlossenen geometrischen Systemen (denken Sie daran, es ist nur eine grobflächige Erläuterung) alles in der Form geordnet ab, dass die eingestrahlten Myon-Neutrino`s, die sich in den normalerweise leeren Kuben befinden, in Ruhephasen, Schlaf usw., wieder über die Diagonalen abgestrahlt werden können, bezeichnen wir diesen Zustand mit dem Begriff "Gesundheit".

Sind viele der Würfel, die im lebendigen System leer sein müssen, mit Myon-Neutrino`s gefüllt und haben diese Würfel keine Möglichkeit, da ununterbrochen neue Myon-Neutrino`s eingestrahlt werden und zu Kristallisationen führen, sich zu entleeren, verfällt der Mensch in den Zustand, den wir mit dem Begriff "Krankheit" beschreiben.

Dass dieser Vorgang so abläuft, lässt sich an ein paar einfachen Beispielen erklären.
Erläuternd sei vorab an dieser Stelle noch eingefügt, dass diese geschilderten Vorgänge dynamisch ablaufen.
Sprechen wir von starren geometrischen Gebilden im Makro- wie im Mikro-Bereich, so meinen wir das auch.
Sollten Sie mit Ihren vorgegebenen Raum-Zeit-Denken sagen "Wenn das so wäre, dann wäre der Mensch ein ewig starres Gebilde", so müssen wir Ihnen sagen,
"Das genau ist der Punkt, durch den wir auch am Anfang gesagt haben, dass die Behauptung des Eingeweihten nicht stimmen kann. Heute wissen wir, dass sie stimmt."

XIV.

BEISPIELE
als Hilfe zum ERKENNEN

LÄRM macht KRANK

Aber wenden wir uns ganz kurz den Beispielen zu, durch die wir erkennen können, dass Myon-Neutrino`s den Zustand bewirken, den wir als "Krankheit" bezeichnen.

Nehmen wir als 1. Beispiel einen Krankheitszustand, der eintritt, wenn wir starken Geräuschen ausgesetzt werden. "Lärm macht krank!" sagen die Wissenschaftler.
Lärm schädigt das Herz. Lärm erzeugt Schäden, die wir als Unwohlsein bezeichnen.

Lärm im Hörbereich, nehmen wir als Beispiel die Einflugschneisen eines Flughafens, erzeugt, wie unzählige Male bewiesen, bei den Anwohnern, die in diesen Einflugschneisen ihren Wohnsitz haben, starke gesundheitliche Störungen.

Lärm, Krach ist eine Energie-Art, die die Wissenschaft als "Phonon" bezeichnet. Also das Energie-Quant Druck. Es ist gleich, welche Krankheit, die durch diesen Lärm entsteht, wir in dieses Beispiel einbringen. Die Frage ist und bleibt:

"Wo und wie wirken diese sogenannten Phononen in dem kubischen System Mensch?"

Die Wissenschaft misst nach der Wellentheorie die Phononen einmal als Phon-Stärke, als Schwingungsfrequenz, und die Wirkung des Druckes selbst als Amplitude.

142

Auch wenn wir sagen, das Phonon ist ein Energie-Quant, so sagen wir gleichzeitig, es ist ein Teilchen, es ist ein Quantum eines Teilchens. Dabei ist es nichts weiter als eine Kraft, die etwas bewirkt.
Wenn wir sagen, der Druck erzeugt eine Vibration und diese Vibration verändert die Schwingungsfrequenz der Zellen des menschlichen Körpers, so ist das im Makro-Bereich hundertprozentig, für uns sichtbar, richtig.
Im Mikro-Bereich, speziell im Bereich der sub-atomaren Teilchen, aus denen sich nun mal alle Materie zusammensetzt, sagt die Wissenschaft, wirkt nur der Hyper-Schall und der ist als sein Energie-Quant als Wirkung vernachlässigbar.

Überdenken wir das Gesagte, muss uns klar werden, dass das, was die Wissenschaft sagt, eine annehmbare Theorie ist, aber eine schlüssige Erklärung für die auftretenden Krankheitssymptome nicht darstellt.
Wenn wir jetzt behaupten, diese abgestrahlten Energie-Quanten, Phononen, schädigen den Menschen dadurch, dass sie in das System Mensch als Myon-Neutrino`s eingestrahlt werden und die leeren Kuben so weit füllen, dass durch die eintretende Kristallisation alle möglichen spezifischen und unspezifischen Krankheitssymptome entstehen, so ist das auch nur eine Theorie.

Aber akzeptieren wir, dass der Mensch ein kubisches Gebilde ist, so ist das eine absolut logische Erklärung.

In der letzten Zeit wurde wissenschaftlich festgestellt, dass beim Besuch von Diskotheken mit ihrem hohen Geräuschpegel die von älteren Menschen als disharmonisch empfundene Musik sowie das eingestrahlte Laserlicht starke Gesundheitsschäden bei den Jugendlichen verursacht haben, die diese Diskotheken für lange Zeit aufsuchten.
Die Gesundheitsschäden, die wissenschaftlich ermittelt wurden, sind nicht etwa Hör- und Sehschäden allein.
Nein, der überwiegende Prozentsatz der Erkrankungen waren veränderte Blutdruckwerte, Herzschäden sowie Darm- und Magenerkrankungen.

Dies ist nicht etwa eine Behauptung, sondern nachlesbar in allen medizinischen Fachzeitschriften.

Eine Erläuterung können wir uns an dieser Stelle wohl sparen.
Sie werden durch den gleichen Ablauf bewirkt, wie vorab geschildert.

KURZ - ERKLÄRUNG

Fassen wir die letzten Ausführungen einmal kurz zusammen und akzeptieren das Gesagte, dann besteht der Mensch, für das Auge und für die bekannten Elektronenmikroskope kaum sichtbar und nachweisbar, aus nichts anderem als aus Würfeln voller Druck und aus Würfeln ohne Druck, um es einmal mit einfachen Worten auszudrücken.

Der Mensch besteht also aus einem statisch stabilen Gebilde von Druck und Hohlräumen, das sich dynamisch ununterbrochen dahingehend verändert, dass es Atome, Moleküle und Zellen umbaut, abbaut und neu baut.
Das heißt, Würfel werden mit Myon-Neutrino`s gefüllt und entleert.
Ein physikalischer Vorgang, den wir grobflächig als lebendig bezeichnen.

Denken Sie daran, wenn Sie auf einmal auf die Idee kommen sollten, sich zu sagen,
"Das ist doch unmöglich! In der Natur sowie bei uns selbst finden wir keinen Gegenstand, einschließlich unserer Figur, der aus Würfeln aufgebaut aussieht."
Wir reden einmal von Größenordnungen, die der Mensch bis heute mit den vorhandenen physikalischen Messinstrumenten noch nicht nachweisen konnte und kann.
Zum anderen, wenn Sie sich in der Natur einmal umsehen, werden Sie zum Beispiel erkennen, dass alles nach oben hin spitz ist, also im letzten Bereich der Begrenzung pyramidenförmig.

Selbstverständlich existieren in der Ordnung des Kosmos, also in dem, was wir als Natur bezeichnen, auch andere geometrische Formen, in denen der gleiche Vorgang ablaufen kann, zum Beispiel Tetraeder, Kegel usw..
Aber, wie schon gesagt, wir wollen nichts wissenschaftlich beweisen, sondern lediglich ein Gedankenschema, das unsagbar logisch ist, offen legen und die geheimnisvolle Kraft, die in den Pyramiden wirkt, zu

beweisen versuchen, so, wie sie uns der Eingeweihte erläutert hat, und so, wie wir sie experimentell nachvollzogen haben.

Jede Oberfläche, gleich welche Oberfläche wir nehmen, bis hinein in den Mikro-Bereich, ist, und das ist keine Behauptung, sondern wissenschaftlich bewiesen, voll Spitzen.
Das Gleiche erkennen Sie überall. Zum Beispiel an der Haut des Menschen, wenn Sie die Haut in ein Mikroskop legen.

Vergessen Sie bitte nicht, wie eben schon geschrieben, wir wollen Ihnen mit diesen zwischengeschobenen Erklärungen lediglich oberflächlich die Wirkungskraft der Pyramiden aufzeichnen und Ihnen keine detaillierte wissenschaftliche Abhandlung vorlegen.
Alles, was wir beschreiben, können nur Hinweise sein, die Sie selbst überdenken müssen.
Würden wir jedes Detail genau beschreiben wollen, würde das Buch mehr als 20.000 Seiten dick werden.

Nach dieser Erkenntnis oder, sagen wir einfach, Hypothese besteht der Körper des Menschen aus zwei Systemen, die aus Würfeln aufgebaut sind, in deren Kuben Myon-Neutrino`s eingestrahlt und abgestrahlt werden.
Ununterbrochen werden aus dem Umfeld, in dem der Mensch lebt, Myon-Neutrino`s eingestrahlt.
Nehmen wir zum Beispiel nur die vielfältigen Farben, die wir allein in unserer Wohnung haben und die ununterbrochen Myon-Neutrino`s in verschiedenen Bindungen gleich sub-atomare Teilchen in unser Körpersystem einstrahlen.
Das Gleiche gilt für die vielfältigen Formen, die in unserer Zivilisationsgesellschaft entstanden sind und die nicht in unsere naturgegebene Umwelt gehören.
Angefangen beim vier- bzw. rechteckigen Einfamilienhaus bis hin zum Hochhaus.
Von Kraftfahrzeugen, Zügen, Flugzeugen, Stromleitungen, von der Starkstromleitung bis zur Steckdose, die unsagbar vielen elektrischen und elektronischen Geräte, die vielen Arten von Formen unseres Mobiliars, gar nicht zu reden von den unnützen Nipp-Figuren, die der Schrecken einer jeden Hausfrau sind.

All die vielen Teile, die der Mensch glaubt haben zu müssen, weil der Nachbar sie hat, das, was angeblich unser Leben so wertvoll macht, strahlen ihre Myon-Neutrino`s, von der Physik als Frequenz und Amplitude bezeichnet, ununterbrochen in den Menschen ein.

Diese unvorstellbaren Mengen von verschiedenen Verbindungen von Myon-Neutrino`s, die kaum noch von den Menschen aufgenommen werden können, erzeugen in uns das, was wir als körperlichen Dys-Streß bezeichnen.

Die Hohlräume der Würfel im Menschen füllen sich mit diesem hohen Aufkommen an Myon-Neutrino`s und erzeugen im Menschen all das, was wir mit dem Begriff "Zivilisations-Krankheiten" bezeichnen.

Der normale Energiefluss des menschlichen Körpers ist gestört, teilweise bis hin zur Kristallisation.

Energiebahnen, die im menschlichen Körper immer über die Diagonalen ablaufen, sind verstopft, was zur Energie-Schwächung von Organbereichen führt.

Es ist ein Wunder, dass der Mensch dieses hohe Aufkommen von nicht naturgegebenen Verbindungen von Myon-Neutrino`s überhaupt noch aushält.

Über die Hautporen, die nichts weiter sind, als diagonale Ausgänge, strahlt der Mensch viele dieser überschüssigen Myon-Neutrino`s wieder ab.

Erfolgt die Abstrahlung sehr stark aus einer Hautpore gleich einer Hauptdiagonale, dann kann es passieren, dass sich die Myon-Neutrino`s, die hinaus wollen, so sehr verdichten und eine Kristallisation bilden, dass wir diesen Vorgang mit bloßem Auge als Mitesser oder als Pickel bis hin zur Vereiterung wahrnehmen können.

Dr. Wilhelm REICH
ORGON - Die Sexual-Energie des Lebens

Dass der Körper ununterbrochen Myon-Neutrino`s abstrahlt, die mit den normalen physikalischen Meßmethoden nicht nachweisbar sind, hat zum Beispiel Dr. Wilhelm REICH entdeckt.

Es gibt unsagbar viele Menschen, die in dieser Richtung geforscht haben, deren Ergebnisse jedoch von der Wissenschaft einfach abgelehnt wurden, da sie mit den zur Zeit bekannten physikalischen Gesetzen nicht übereinstimmen und mit den bis heute entwickelten Methoden nicht beweisführend erklärbar gemacht werden konnten.

Meistens läuft es dann in der Form ab, dass diese Forscher verlacht und totgeschwiegen, sowie, wenn sie den Mut besitzen damit in die Öffentlichkeit zu gehen, auch wenn es unglaublich erscheint, gesellschaftlich und wirtschaftlich ruiniert und, wenn das nicht hilft, umgebracht werden.
Einer der wenigen, die den Mut hatten, über ihre Entdeckung zu sprechen und zu schreiben, war Dr. Wilhelm REICH.

REICH entdeckte, dass der menschliche Körper sowie alles, was als lebendig und tot bezeichnet wird, ununterbrochen eine Energie abstrahlt, die mit den herkömmlichen technologischen Methoden nicht messbar, sondern nur durch ihre Wirkung nachweisbar ist.
Er bezeichnete diese Energie als Sexual-Energie "Orgon". Er wusste nicht, dass er die Myon-Neutrino`s, die alles Sein bewirken, entdeckt hatte.
Doch deswegen musste er sterben.
Er starb kerngesund. Das ist beweisbar. Dass er umgebracht wurde, ist nicht beweisbar. Dass seine Bücher, die dieses Wissen beinhalteten, verbrannt wurden, ist beweisbar. Dass die Bücher verbrannt wurden, weil sie den Anfang der Entdeckung der Ursache unseres Seins beinhalten, ist nicht beweisbar.
Nein, nicht was Sie denken! - Es war nicht das 17. Jahrhundert, die Zeit der Hexenverbrennungen. Es war in unserem Zeitalter, im Jahre 1954, und passierte in einem, der fortschrittlichsten Länder der Welt, in den USA.

Auf der ganzen Welt wird von den Wissenschaftlern in geheimen Experimenten Bio-Plasma-Forschung betrieben, um hinter das Geheimnis des heute noch unerklärlichen Entstehens des Seins zu kommen.
Wenn man die Geschichte der Wissenschaft verfolgt, und das ist keine Anklage, sondern nur eine Feststellung, so kann man mit gutem

Gewissen sagen, dass, wenn das Geheimnis entschlüsselt wird, das neue Wissen nicht in erster Linie zum Nutzen der Menschheit Verwendung findet, sondern es wird benutzt, um die Machtstellung der zur Zeit Herrschenden zu festigen.

Das war auch eine der Überlegungen, die verhindert haben, dass die Erkenntnisse, die in diesem Buch niedergeschrieben sind, schon vor vielen Jahren veröffentlich wurden.

Auch heute, obwohl wir wissen, dass unser Leben Karma-bedingt ist, werden wir diese Veröffentlichung anonym nach draußen geben, um unsere Familie und uns selbst nicht zu gefährden.
[Anm. des Herausgebers: Zwischen dem Entstehen des Manuskriptes dieses Buches (1997) und der ersten Veröffentlichung vergingen 10 Jahre, und dies ist inzwischen bereits 13 Jahre her.]

Denn mit dieser Niederschrift sagen wir, was eigentlich jeder Mensch, der darüber nachdenkt, erkennen wird. Sachen, die so logisch und schlüssig sind und die im Endeffekt beweisen, dass wir Menschen das Leben in allen Bereichen erkenntnismäßig auf den Kopf gestellt haben, nicht nur das normale Leben, sondern auch das, was wir als wissenschaftliche Erkenntnis bezeichnen.

Das "Orgon", das REICH entdeckte, und unsere geometrischen mit Geist gefüllten Myon-Neutrino`s sowie das Kubische Gitternetz sind dasselbe wie das, was uns von den alten Weisen, die Tausende von Jahren vor uns lebten, überliefert wird.
In der Überlieferung heißt es: "Unser ganzes Universum ist vom Makro- bis in den Mikro-Bereich durchzogen von einem Gitternetz, das gefüllt ist mit "Chi", der Ur-Energie allen Seins".
Es ist das Gitternetz, und es ist auch die gleiche Energie, die Myon-Neutrino`s, die der Radiästhesist, der Wünschel-rutengeher, mit seiner Rute messen und nachweisen kann. Auch das, was der Mensch behauptet, der mit der Wünschelrute arbeitet, ist nichts Geheimnisvolles, nichts Mysteriöses.
Es ist nur das Messen von gesetzmäßigen Veränderungen, was ein jeder Mensch dann kann, wenn er sich freigemacht hat von dem Druck, der

ihn daran hindert, die feinstoffliche Druckabstrahlung in seinem Körper aufzunehmen.

Es ist auch das gleiche, das die Wissenschaftler der Physik suchen, das sie als "Bio- Plasma", den "Ur-Stoff des Seins", bezeichnen.

Die menschliche AURA

Ein anderer, der durch Zufall die Energie entdeckte, die der Körper abstrahlt, ist der Russe KIRLIAN.
Er entdeckte, dass diese Körperenergie, in ein Hochspannungsfeld gebracht, sichtbar gemacht werden kann.
Er entwickelte ein Gerät, das auf der ganzen Welt in der Medizin für Diagnosestellungen verwendet wird.
Dieses Gerät ist im Grunde genommen auf einem einfachen Prinzip aufgebaut.
Mittels eines Transformators oder einer Kaskade wird eine Spannung von 220 V auf 20- 40.000 V aufgebaut.
Diese Spannung wird durch eine Glasplatte oder einen Kunststoff abgeschirmt.
Legt man auf diese Platte ein Foto-Negativ-Papier und darauf zum Beispiel 2-3 Sekunden die Hand oder den Fuß und entwickelt das Foto, so erkennt man die Abdrücke der Flächen, die auf dem Papier auflagen, sowie die Abstrahlungen, die von ihnen ausgehen.
Es ist das, was als "Aura des menschlichen Körpers" bezeichnet wird.

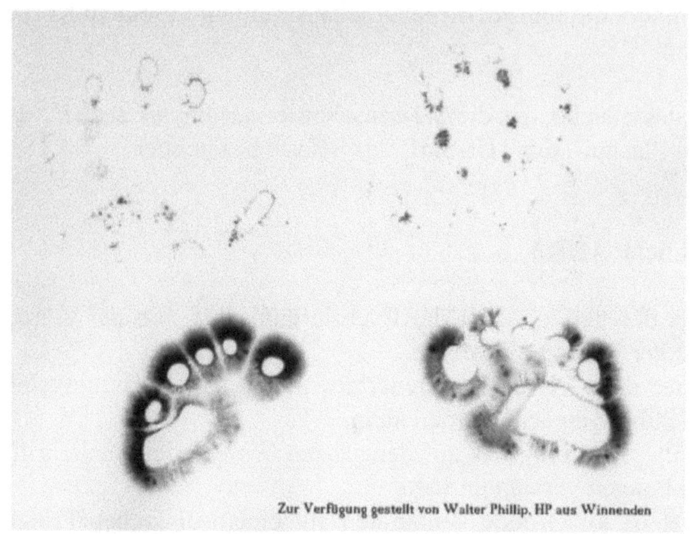

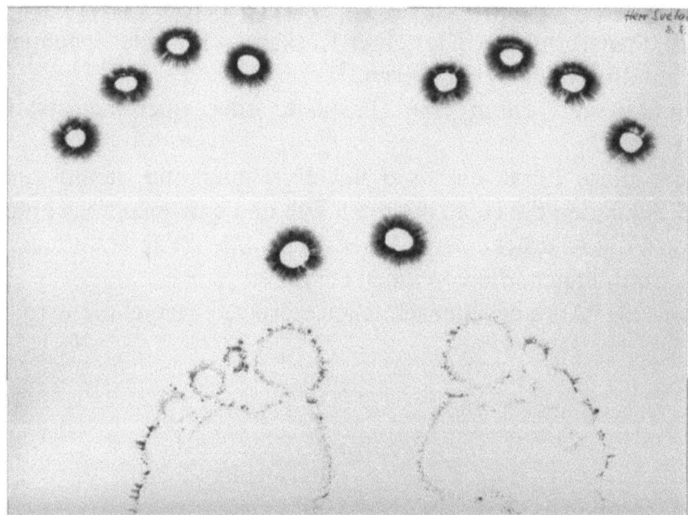

Zur Verfügung gestellt von Walter Philip, HP aus Winnenden

Die Aura, das heißt die Abstrahlung, die wir auf dem Bild erkennen, ist nichts weiter als sichtbar gemachte Myon-Neutrino`s, die der Körper ununterbrochen bei der Entleerung des kubischen Inhalts seiner Würfel abstrahlt.

150

Werden die Abstrahlungen durch Kristallisationen verhindert, dann führt das zur Krankheit bis hin zum Tod des Menschen.
Dasselbe gilt für sein Gehirn.
Wenn die Würfel seiner Hirn-Areale durch Starrheit gleich Kristallisation nicht mehr hundertprozentig naturgemäß funktionieren, tritt das ein, was man bei alten aber auch schon bei jungen Menschen als "Sturheit bzw. Altersstarrheit" usw. bezeichnet.

Auch Dogmatiker, die behaupten, nur sie allein hätten der Weisheit letzten Schluss gefunden, sind keine bösen Menschen; sie sind bemitleidenswert, denn die Würfel ihres Gehirns sind kubisch starr, voll und kristallin.
Warum die Aura, die abgestrahlten Myon-Neutrino`s, in einem Hochspannungs-Feld sichtbar gemacht werden können, ist im Grunde genommen einfach zu erklären.
Elektrizität, Strom, wird von der Physik wie folgt interpretiert:
Elektrischer Strom entsteht durch die Bewegung von elektrischen Ladungen in Gestalt von (¯) negativ geladenen Elektronen (e) in Metallen und im Vakuum oder von Ionen in Flüssigkeiten und Gasen.
Das Fließen dieses elektrischen Stromes erzeugt ein elektrisches Feld.

Für unser Beispiel heißt das, bei der Aura-Fotografie wird die Hand, die dem elektrischen Feld ausgesetzt wird, von der Abstrahlung der sogenannten Elektrizität getroffen.
Die Frage ist: "Was ist das für eine Abstrahlung?"
Bis heute konnte das noch kein Mensch - außer in verschiedenen Hypothesen – definitiv erklären.

Wir behaupten zuerst einmal:

Elektrizität ist nichts weiter als die in Bewegung versetzten Myon-Neutrino`s (wir bezeichnen sie als Elektro-Neutrino`s).
Das elektrische Feld entsteht dann, wenn ein Überhang an Elektro-Neutrino`s entsteht = Überdruck, der durch die Diagonalen des Mediums, in dem sie fließen, zum Beispiel Kupferdraht, nach außen in das Umfeld abgestrahlt wird.

Alle Begriffe, die in der Physik in diesem Bereich verwendet werden, zum Beispiel. "Elektromagnetisches Feld" oder "Magnetfeld", sind nur erklärende Begriffe für verschiedene Wirkungen.

Es können nur erklärende Begriffe sein, denn jede Art von Bewegung im Makro- sowie im Mikro-Bereich kann nur durch Druck, das heißt also durch Myon-Neutrino`s erzeugt werden.

Wenn die Physiker in ihrem Denkmodell gleich Theorie behaupten, ein sogenanntes freies Elektron würde diese, Vorgänge bewirken, dann möchten wir hinterfragen:

"Und wer oder was bewirkt das Elektron?"

Das Elektron in der heute gültigen Theorie benötigt genauso den Druck, damit es in Bewegung versetzt wird.

Wenn man etwas tiefer in diese Sache hineingeht wird man, egal mit welchen Begriffen wir es bezeichnen, ob als Energie-Feld, Magnetfeld, ob als subatomares Teilchen, als Elementar-Teilchen, als Atom und Molekül, als Materie oder Gegenstand, der sich bewegt, feststellen:

Die Kraft ist immer, und dafür können wir jede andere Bezeichnung fallen lassen, einfach mit den Worten des Volksmundes ausgedrückt, nichts weiter als Druck.

Und Druck kann nur eine strukturierte Kraft sein gleich dem Myon-Neutrino`s, durch das alles Sein bewirkt wird.

Kein Mensch, und ganz bestimmt keiner von uns, behauptet, dass das, was bis heute wissenschaftlich erkannt wurde, falsch und sinnlos ist.

Doch eines wissen wir genau: Jedes Ergebnis, das wir in theoretischen Experimenten oder durch praktische Experimente erhalten haben, um eine Idee oder eine Hypothese zu bestätigen, kann immer nur eine Bestätigung der experimentellen Vorgabe sein, auf der das Experiment aufgebaut wird.

Die Antwort auf unsere Frage "Was ist das für eine Abstrahlung?" kann nur lauten:

"Die Abstrahlung kann nur die strukturgebundene Kraft bzw. Geist sein, die dynamisch als Myon-Neutrino`s alle Bewegungen verursacht."

Diese Erkenntnis beinhaltet schon die Antwort auf die Frage, warum in einem elektrischen Feld die Aura sichtbar gemacht werden kann.

Das elektrische Feld, das aus Myon-Neutrino`s besteht, die von der Quelle abgestrahlt werden, trifft auf die Myon-Neutrino`s, die die menschliche Hand oder eine sonstige Molekularstruktur abstrahlen, und diese werden durch den Aufprall sichtbar und fotografierbar.

Genauer erklärt heißt das:
Die Hochspannungs-Quelle strahlt ununterbrochen Myon-Neutrino`s ab. Da bei der Hand, in dieses sogenannte Hochspannungsfeld eingebracht, derselbe Vorgang abläuft, das heißt, Myon-Neutrino`s abgestrahlt werden, treffen die Myon-Neutrino`s des elektrischen Feldes und die der Hand aufeinander.
Dieser Aufprall, der ununterbrochen immer wieder neu abläuft, ist, wenn man die Hand direkt auf die Oberfläche legt, genau erkennbar.
An den Stellen, an denen über die Diagonalen, das heißt durch die Poren der Haut, keine Myon-Neutrino`s abgestrahlt werden, erkennen wir Ausfälle der Aura auf dem Bild. An diesen Stellen trifft der Druck des elektrischen Feldes auf keinen Widerstand.
In unseren Experimenten mit Hochspannungsfeldern, also der Aura-Fotografie, sind wir auf ein Phänomen gestoßen, das wir kurz erklären wollen.
Die Myon-Neutrino`s, die die Hochspannung des Gerätes als elektrisches Feld erzeugt und abstrahlt und die nicht auf Widerstand gleich Myon-Neutrino`s der Hand stoßen, zeigen auf der Aura-Fotografie Ausfälle.
In vielen Experimenten, bei denen wir uns selbst und andere Personen, die mit dem Experimentablauf einverstanden waren, sich zur Verfügung stellten, haben wir nicht nur kurzfristig, sondern circa 15 bis 30 Minuten die Hand auf dem Gerät in der Hochspannung liegengelassen.
Bei anderen Experiment-Anordnungen haben wir die Hand 3 Minuten aufgelegt, 15 Minuten unterbrochen, wieder 3 Minuten aufgelegt und haben anschließend bei einem erneuten Auflegen von 15 Minuten, bei dem eine Aura-Fotografie abgelichtet wurde, festgestellt, dass bei beiden Experiment-Anordnungen die vorhandenen Störungen bzw. Ausfälle nicht mehr vorhanden waren.

Nach circa 100 Experimentabläufen war uns klar, welchen Vorgang die Myon-Neutrino`s der Hochspannung bewirkten.

Die Myon-Neutrino`s der Hochspannung lösten einmal durch ihren Druck die Kristallisationen in den Diagonalen auf, die durch die Kristallisationen verstopft waren, und bewirkten dadurch wieder einen normalen Energiefluss in und zu den Organbereichen, denen diese Diagonalen zugeordnet sind.
Der gleiche Vorgang läuft ab, wenn eine Kristallisation direkt im Organbereich die Abgabe von Myon-Neutrino`s über die Diagonale verhindert.
Wie wir feststellen konnten, sind speziell die Diagonalen an den Fingern und den Füßen Ausgänge von Hauptdiagonalen aller wichtigen Organbereiche.

Wenn bis heute die Technik der Aura-Fotografie nur in der Diagnostik Verwendung findet, so liegt das an der Unkenntnis dieses Sachverhaltes. Wir selbst haben, da wir zwischenzeitlich fast alle wichtigsten Punkte der Hauptausgänge lokalisierten, experimentelle Versuche an uns selbst sowie an den Personen, die ihr Einverständnis zur Durchführung dieser Experimente erklärt hatten, durchgeführt und Regenerationsprozesse in Gang gesetzt, speziell bei chronischen Erkrankungen, deren Ergebnisse immer positiv waren.
Die Erfolge könnte man mit den Begriffen "Verbesserung des Zustandes bis zur vollständigen Regeneration, das heißt bis zur "vollständigen Heilung" bezeichnen.

Alle physikalischen Therapien, die mit Elektrizität durchgeführt werden, zum Beispiel Iontophorese und Stanger-Bäder mit galvanischem Feinstrom, funktionieren, wie wir experimentell in vielen Versuchen nachweisen konnten, nach diesem Prinzip.
Die Energie, also die Myon-Neutrino`s, die auf diesem Wege in den Körper gegeben wird, erzeugt im Körper des Menschen an den Stellen, wo Kristallisationen, also ein Überdruck, vorhanden sind, eine Regeneration dadurch, dass die eingestrahlten Myon-Neutrino`s durch ihren Überdruck diese Kristallisationen auflösen.

Sagen wir ruhig, dadurch wird der Energiefluss der biologischen Energie des Körpers gleich Myon-Neutrino`s naturgegeben wieder so reguliert, dass der gesetzmäßige Ablauf im physischen System, also im

2. System des menschlichen Körpers, wieder hundertprozentig funktioniert.

Der mechanische Überdruck der Myon-Neutrino`s beseitigt die Störungen, die an den Verbindungen der Diagonalen der Würfel gleich Inhalt der Kuben, aus denen der physische Körper des Menschen aufgebaut ist, vorhanden sind.

Außerdem füllt er Würfel des physischen 2. Systems des Menschen, die durch Störungen ungefüllt sind – gleich degenerative Erkrankungen -, und bewirkt dadurch die Veränderung des Zustandes, den die Mediziner als „Energielosigkeit" bezeichnen.

Verschiedene THERAPIEN,
die im subatomaren Bereich wirken

MASSAGE

Auch eine Massagebehandlung bewirkt nichts anderes als den Vorgang, den wir vorab beschrieben haben.

Die Myon-Neutrino`s, die der Masseur aus seiner Hand abstrahlt gleich der Kraft des Druckes, den er mit der Hand durch die Myon-Neutrino`s, die abgestrahlt werden, als Überdruck erzeugt, bewirken, dass der Überdruck der Myon-Neutrino`s des verhärteten Muskelgewebes, was im Grunde genommen eine Kristallisation ist, in Würfel abgestrahlt wird, die meistens leer um das verhärtete Muskelgewebe entstanden sind.

Die aus den Diagonalen durch den Überdruck austretenden Myon-Neutrino`s, die innerhalb der Regelkreise als Elemente, zum Beispiel (H_2O) Wasser, die Kristallisation verursacht hatten, bilden sich beim Austritt aus den Diagonalen wieder zu den gleichen Atomen und Molekülen und werden dann sichtbar als sogenannte Schweißabsonderung.

ALLOPATHIE

Der gleiche Vorgang läuft bei allen Medikamenten ab. Das Medikament, das wir zu uns nehmen, besitzt Verbindungen von Myon-Neutrino`s, das heißt eine bestimmte Größenordnung von subatomaren Teilchen, die entweder in Diagonalen kristalline Verbindungen auflösen oder Würfel kubisch füllen.

HOMÖOPATHIE

Dass homöopathische Mittel von der wissenschaftlichen Medizin nicht anerkannt werden, liegt daran, dass unsere wissenschaftliche Medizin organ- sowie symptombezogen Forschung betreibt und die Erkenntnisse der Hochenergie- bzw. Quanten-Physik noch nicht in vollem Maße in ihre Forschungsarbeiten mit einbezogen hat. Aus diesen Gründen bleibt ihnen gar nichts anderes übrig, als die Wirkung der homöopathischen Mittel als "Placebo-Effekt" zu bezeichnen.

Das klassische homöopathische Mittel, es ist gleich, welcher Potenzierung es unterworfen wird, enthält in der Endsubstanz Myon-Neutrino`s der Ur-Substanz, die holografisch die komplette Molekularverbindung als Form in sich tragen.
Je höher die Potenzierung, desto einfacher sind die Verbindungen der Myon-Neutrino`s als sub-atomares Teilchen, wodurch sie sich wesentlich schneller in das physische 2. System da einfügen, wo sie benötigt werden.

Da die Molekularverbindung, die im subatomaren Bereich aus Würfeln besteht, in denen Myon-Neutrino`s enthalten sind, die die Molekularverbindung als Form in sich tragen, während der Bearbeitung aufgerissen wird, bis fast zum Myon-Neutrino, wirken die Größen der Verbindungen der Myon-Neutrino`s dahingehend, dass sie im subatomaren Bereich der Regelkreise des Menschen die Schäden beheben, die der Mensch als "Krankheits-Symptom" bezeichnet.

156

Erklärender Einschub

Wenn Sie einmal genau darüber nachdenken, muss Ihnen klar werden, dass diese Behauptung, die hier steht, wenn sie stimmt, unser gesamtes medizinisches Denken über den Haufen wirft, und nicht nur das medizinische Denken, sondern unser gesamtes Weltbild.
Alles, was uns in unserem Umfeld umgibt, kann uns, wenn unsere Erkenntnisse stimmen, und wir glauben, dass sie stimmen, töten oder heilen.
Aber nur Sie allein können entscheiden, inwieweit Sie die Erkenntnisse, die hier niedergeschrieben stehen, akzeptieren bzw. verstandesmäßig erfasst haben und in Ihr tägliches Leben einbeziehen.

XV.

EMMA KUNZ
Eine EINGEWEIHTE in die SCHÖPFUNG

Am 23. Mai 1892 wurde in Brittnau in der Schweiz eine Frau geboren, die als Eingeweihte inkarnierte, um den Menschen das Gesetz der Schöpfung zu offenbaren.

Nur wenige Erdenmenschen fühlten und spürten, dass in den Filigranzeichnungen, die sie farblich auf Millimeter-Papier zeichnete, etwas enthalten ist, was der physische Erdenmensch nur mit seiner Seele spüren, aber nicht mit seinem Bewusstsein erfassen kann.

Sie, die als Eingeweihte von unseren Schöpfern zu uns Erdenmenschen gesandt war, um die kosmischen Gesetze, die alles Sein bewirken, den Erdenmenschen zu offenbaren, lebte fast unerkannt unter uns.
Da die Menschen noch nicht reif waren, die Gesetze zu erkennen, verbarg sie die Gesetze geheimnisvoll in ihren Zeichnungen.
Sie wusste, dass, wenn die Menschen reif sind, die Gesetze zu erkennen, das Geheimnis ihrer Zeichnungen offenbart wird.

Jetzt, in der Endzeit, in der sich die physischen Menschen entscheiden müssen, das Gesetz zu leben, um zurück zu unseren Schöpfern zu finden, oder dem Gesetz überantwortet werden, wurde das Geheimnis ihrer Zeichnungen offengelegt.
Emma Kunz hinterließ den Menschen unserer Zeitepoche Zeichen, die jetzt erst von den Menschen erkannt werden können.
In ihrem Leben wirkte sie für die Zukunft, in der die Menschen heute leben.
Ihr bis heute unerkanntes Wirken, das während ihrer Lebenszeit nur von wenigen Menschen wahrgenommen wurde, beinhaltet Erkenntnisse, die weit über das normale Denken der Menschen hinausgehen.

Sie hinterließ uns nicht nur zur Beweisführung, geheimnisvoll verborgen in ihren Filigranzeichnungen, die kosmischen Gesetze allen Seins für die Zeit, in der wir die Gesetze erkennen werden, sondern sie

158

offenbarte uns auch den Ort der Kraft, in dem die "Medizin Gottes" im Ur-Zustand den Menschen zur Verfügung steht.

Es ist der Krafthort, von dem aus eine Diagonale unseres Erd-Kubus direkt in den Kubus unserer Väter führt.

Der Krafthort, den sie im Auftrag unserer Schöpfer den Menschen übergab, damit die Menschen eines Tages erkennen, dass das Gesetz existiert, ist nur wenigen Menschen bekannt.

Die Myon-Neutrino`s, die, gereinigt durch die Kraft des Erdmagmas, an diesem Ort aus der Erde zurück in den Kubus der Erde eingestrahlt werden und immer wieder das Felsgestein durch ihre Kraft neu aufladen, besitzen Heilwirkungen, die für die heutige Medizin noch unerklärlich sind.

Die Myon-Neutrino`s, die aus der Atmosphäre über die Diagonalen in die Erde eingestrahlt werden und holografisch Formen beinhalten und die dadurch veränderte Bewegungsabläufe und Bindungsfähigkeiten aufweisen, werden durch die Kraft des Erdmagmas wieder in ihren ursächlichen Bewegungsablauf gebracht.

Die lebenden biologischen Systeme, in die diese gereinigten Myon-Neutrino`s eingestrahlt werden, bewirken als Regulatoren fast nicht vorstellbare Heilungsabläufe.

Emma Kunz benutzte das von dem Besitzer des Krafthortes gemahlene Gestein zu Heilungen von vielen Krankheiten.

Das am Anfang als "Urschlamm" bezeichnete Pulver half sehr vielen Menschen, denen die herkömmliche Medizin nicht helfen konnte.

Zu einem späteren Zeitpunkt entschloss sich der Besitzer, die "Medizin Gottes" vielen Menschen bekannt zu rechen und zur Verfügung zu stellen.

Unter der Bezeichnung "AION-A" wurde dieses Pulver Physiotherapeuten, Ärzten und Naturheilern zur Verwendung angeboten.

Der Besitzer, der die Heilwirkung dieser Medizin am eigenen Körper erfahren hatte - Emma Kunz heilte ihn mit dieser Medizin von Kinderlähmung -, verwandte unsagbar viel Zeit dazu, um die "Medizin Gottes" den Menschen bekannt zu machen.

Die Heilerfolge, die "AION-A" bewirkte, sprachen sich schnell bis in das europäische Ausland herum.
Aber wie bei allen Erkenntnissen, es bleibt sich gleich, in welchem Bereich, wurden diese Heilerfolge von der Schulmedizin als "Placebo-Effekt" abqualifiziert.

Wissenschaftliche Überprüfungen, die der Besitzer auf eigene Kosten durch staatliche Institute vornehmen ließ, fielen negativ aus, da mit den herkömmlichen Meßmethoden eine Substanz, die Heilwirkung besitzt, nicht nachgewiesen werden konnte.
Dass die Ergebnisse schon vorprogrammiert waren, ist logisch.
Jede wissenschaftliche Überprüfung, die heute in diesem Bereich vorgenommen werden kann, erreicht maximal den Molekular- bzw. Atombereich.
Felsgestein kann bei dieser Untersuchungsmethode nur Molekularverbindungen erbringen, die bekannt sind und die nachweisbar in der heutigen Medizin in den Verbindungen, wie sie im Felsgestein existieren, keine Heilwirkung besitzen.
Untersuchungen im subatomaren Bereich, im Bereich der Quanten-Physik, sind nicht Bestandteil der wissenschaftlichen Untersuchungsmethoden, die heute angewandt werden.
Heilerfolge, die aus diesem Bereich stammen, zum Beispiel die der klassischen Homöopathie, der "Bach-Blüten-Therapie", der Farb-Therapie und vieler sogenannten Außenseiter-Therapien sind nur an der Heilwirkung zu messen, und die ist nicht ableugbar.

Da die Schulmedizin organbezogen denkt und symptombezogen heilt, kann sie nur die Heilwirkung dieser Mittel in den Bereich "Placebo-Effekt" abqualifizieren.
Erst jetzt, wo die Quanten-Physik in den Bereich der Myon-Neutrino`s = Quarks vorgestoßen und zu der Erkenntnis gekommen ist, dass der Ur-Stoff allen Seins nur Geist sein kann, ist die Zeit gekommen, in der nichtdogmatisch denkende Wissenschaftler und Mediziner erkennen, dass die Heilerfolge nur im subatomaren Bereich zu suchen und zu finden sind.
Wir selbst haben 6 Jahre lang "AION-A", die "Medizin Gottes", in unzähligen Experimenten überprüft und Ergebnisse erhalten, die man

als normal denkender Wissenschaftler nur in den Bereich der Phantasie einordnen oder als unerklärlich bezeichnen kann.

In diesen 6 Jahren haben wir "AION-A" bei unseren Patienten, gleich welche Krankheitssymptome der Patient besaß, man kann sagen, vom Schnupfen bis zum Krebs, eingesetzt.

Im Grunde genommen war es gleich, ob wir das Mittel potenziert bzw. verlängert mit Milchzucker oral gegeben oder als Auflagen eingesetzt haben.

Die Heilerfolge, die "AION-A" bewirkte, sind so vielseitig, dass das Niederschreiben allein ein Buch füllen würde.

"AION-A" bewirkte, vom Schnupfen bis zum Krebs, als Haupttherapie oder begleitende Therapie, Heilerfolge, die man einfach als sensationell bezeichnen kann und die die Bezeichnung "Medizin Gottes" absolut rechtfertigen.

Im nächsten Jahr werden wir die Erkenntnisse, die wir in unserer langjährigen Forschung gefunden haben, sowie die Einsatzmöglichkeiten von "AION-A", von jedem nachvollziehbar, in einem Buch beschreiben, damit die Menschen unserer Zeit erkennen, dass "AION-A" ein Geschenk Gottes ist, das für die Erhaltung ihres physischen Körpers in der Zukunft unabdingbar ist.

Dieses Heilmittel wirkt nicht nur im Bereich des physischen Körpers des Menschen. Es ist auch das Heilmittel, das die Psyche des Menschen energiemäßig reguliert, und was ihm hilft, die Symptome der sogenannten Zivilisationskrankheiten, zum Beispiel Dys-Streß, abzubauen.

Es ist ein Mittel, das den Geist sensibilisiert und bis in den Bereich der Seele wirkt.

Die durch das Erdmagma gereinigten Myon-Neutrino`s, die im Felsgestein dieses Krafthortes enthalten sind, sind reiner Denk-Stoff, der aufgrund der gereinigten Kraft in diesen Myon-Neutrino`s den Geist der Menschen erneuert und Fähigkeiten freisetzt, die von den Menschen der heutigen Zeit noch als unerklärlich bezeichnet werden.

XVI.

Professor Dr. CALLIGARIS
Ein EINGEWEIHTER in die GESETZE

Wenden wir uns zum Abschluss der zwischengeschobenen Erklärung noch einem Mann zu, der schon in den zwanziger Jahren dieses Jahrhunderts zu Erkenntnissen kam und Entdeckungen veröffentlicht hat, die so sensationell waren, dass er sogar seinen Lehrstuhl verlor und seine Existenz vernichtet wurde:
Professor Dr. CALLIGARIS von der Universität Rom.

Dieser Mann, der jahrelang als Arzt, Dozent, Universitäts-Professor und Forscher tätig war, veröffentlichte im Jahre 1928 Resultate von Experimenten, bei denen er nachwies, dass bestimmte geometrische Hautmuster, stimuliert, Ausgangspunkt sogenannter paranormaler Phänomene sind.
In den folgenden Jahren, in denen er von seinen Kollegen als absoluter Außenseiter abqualifiziert wurde, verfasste CALLIGARIS 19 umfangreiche Werke, in denen er Unvorstellbares niederschrieb.

Als Grundgedanke behauptete er, dass der Mensch mit seiner Seele in ständiger Wechselwirkung mit dem Kosmos und mit seinem physischen Körper steht.
Auch wenn er es in seinen vielen Büchern nicht klar zum Ausdruck bringt, war uns trotzdem klar, dass CALLIGARIS wusste, dass der ganze Körper des Menschen sowie jede einzelne Zelle bis hin zum subatomaren Teilchen 2 Systeme beinhaltet.
Er war einer der Wenigen, die erkannt haben, dass wir im Grunde genommen nichts anderes sind als die Gedankenform einer Wesenheit im Kosmos.
Der Eingeweihte, der uns diese gesamten Erkenntnisse vermittelte, sagte uns, dass CALLIGARIS ein Eingeweihter war, der für die Jetzt-Zeit, er sagte "Endzeit des physischen Menschen", alle Erkenntnisse niedergeschrieben hat, damit sie in der Endzeit den Menschen helfen, das Gesetz im Kosmos, durch das alles Sein existiert, zu erkennen.

CALLIGARIS entdeckte während seiner jahrzehntelangen Forschungsarbeit Tausende von Punkten auf der Haut, die, wenn er sie mit Druck stimulierte, Phänomene erzeugten, die heute unter dem Begriff "Paranormale Phänomene" bekannt sind.
Aber nicht nur das. Wenn er mit Druck bestimmte Punkte stimulierte, war es ihm möglich, Veränderungen im Körper zu erzeugen, die heute noch für unsere wissenschaftliche Medizin unvorstellbar sind.

Nennen wir ein Beispiel:
Stimulierte er einen bestimmten Punkt an einem Körper, nachdem er der Versuchsperson den Auftrag gegeben hatte, an einen bestimmten Gegenstand zu denken, so bewirkte dieser Druck, dass auf der Haut die Abbildung des gedachten Gegenstandes als stark durchblutetes Gewebe in seiner Form klar erkennbar sichtbar wurde.
Diese stark durchblutete Form ist nichts anderes als eine Anhäufung von Myon-Neutrino`s im 2. System, also im physischen System des Menschen, an der Stelle der Haut, an der das Bild erscheint.

Er bewirkte mit dem Druck von millimeter- bis zentimetergroßen runden Gegenständen, die auf bestimmte sogenannte "Haut-Plaques" aufgedrückt wurden, Veränderungen in allen Organbereichen.
Veränderungen dahingehend, dass er vom Schnupfen bis zu Krebs, was auch nur Bezeichnungen für bestimmte Krankheitsbilder sind, Regeneration und Heilung bewirkte.
Diese Regenerationen und Heilungen waren nichts anderes als das Reinigen der Diagonalen durch Überdruck oder das Füllen von Kuben mit Myon-Neutrino`s.

In der damaligen Zeit waren diese Erkenntnisse, die er experimentell laufend beweisführend seinen Kollegen vorführte, so unvorstellbar, dass er eine Gefahr für alle Wissenschaftsbereiche darstellte.
Es hat sich bis heute nichts geändert an dieser Denkungsweise, was im Grunde genommen verständlich ist.
Versetzen Sie sich doch bitte einmal in die Situation eines Professors, der 30 Jahre lang sein Wissen an Studenten weitergegeben hat und der dann plötzlich sagen soll:

"Alles, was ich gelehrt habe, war Quatsch und falsch!" Wie würden Sie sich verhalten?

Kaum Einer von uns, und mag er noch so intelligent, aufgeschlossen und undogmatisch sein, der in dieser unserer Gesellschaft in irgendeiner Form etabliert ist, wäre dazu bereit.
In unserer Gesellschaft heute, in der wir alle unvorstellbaren Druckgrößen ausgesetzt sind, nicht nur vom Materiellen, sondern auch vom Geistigen her, auf die wir gleich noch zu sprechen kommen, begreift im Endeffekt niemand, dass wir uns mit unserer Lebensführung selbst umbringen, da der Druck, den wir uns selbst schaffen, immer größer wird.
Das ist auch einer der Gründe, warum bei den meisten Menschen sogenannte "paranormale Erscheinungen" nicht in Erscheinung treten.
Wir erhalten so viel Druck aus unserer Umwelt, den wir selber, das dürfen wir nicht vergessen, zuerst durch unsere Gedankenformen schaffen, denn **Geist baut Körper.**
Alles, was wir tun, angefangen bei jeder Bewegung bis hin zur Schaffung eines Gegenstandes, müssen wir denken. Alle Gedankenformen, die wir denken und nicht in die Tat umsetzen, müssen sich realisieren und gelebt werden. Gelebt zu irgendeinem Zeitpunkt, jetzt, zeitverschoben in diesem Leben oder in einem anderen Leben.

Wir Menschen dieser Zeitepoche bewirken geistig und materiell solche Unmengen von Gedankenformen, dass wir gar nicht mehr den, sagen wir, feinstofflichen Druck von Myon-Neutrino`s wahrnehmen, der in uns Gedankenbilder oder Phänomene erscheinen lässt die wir als "paranormal" bezeichnen, und erkennen gar nicht, dass das sogenannte "Paranormale" absolute Realität ist.

Was CALLIGARIS als Hautpunkte entdeckte, sind nichts anderes als die Ausgänge der Diagonalen des 1. und 2. Systems, aus denen der Mensch besteht und in denen alles Sein durch die Myon-Neutrino`s bewirkt wird.

Wenn Sie die Abläufe, die bis jetzt geschildert sind, in Zukunft in die Denkabläufe Ihres Seins mit einbeziehen, werden Sie erkennen, dass es nichts gibt, was noch unerklärlich ist.

Wichtig ist, dass Sie nicht nur nachdenken, sondern darüber hinaus denken, denn nur das Darüber-Hinaus-Denken führt zur Erkenntnis.

Die Quintessenz dessen, was CALLIGARIS über seine Entdeckung sagt, ist:
Durch die Lebensführung des Menschen, die absolut naturwidrig ist, sind die überwiegenden Punkte blockiert.
Werden diese blockierten, sagen wir jetzt nicht Punkte, sondern Ausgänge von Diagonalen durch Druck gleich Myon-Neutrino`s dahingehend stimuliert, dass sie frei werden, so hat der Mensch wieder die Möglichkeit, all die natürlichen Fähigkeiten wie Gedankenlesen, Hellsehen, Telepathie, Präkognition, Bilokation, Wahrsagen sowie alle anderen sogenannten paranormalen Phänomene zu erleben.

Erklärender Einschub

Es gibt nichts Übernatürliches, und es gibt nichts Unerklärliches für denjenigen, der die hier niedergeschriebenen Erkenntnisse akzeptiert und danach lebt.

Auch wenn wir als Wissenschaftler und Forscher sagen "So, wie wir es beschreiben, so ist es!", so müssen wir fairerweise zugeben, dass es nur unsere Wahrheit sein kann. Ob sie richtig oder falsch ist, werden wir nie beweisen können.
Alle Ergebnisse der Experimente weisen darauf hin, dass die Erkenntnisse, die hier niedergeschrieben stehen, absolute Realität sind.
Ihre Wahrheit, die Sie in diesen Erkenntnissen finden, ist Ihre Wahrheit, und die kann Ihnen keiner nehmen.

Fassen wir das vorab Geschriebene kurz zusammen, kann jeder logisch nachvollziehen, dass das Kubus-Gebilde des Menschen nur existiert durch Druck.

XVII.

Therapieformen

BACH – BLÜTEN - THERAPIE

Genau so weiß heute fast jeder, dass Gerüche und Düfte krank machen, aber auch heilende Wirkung haben können.
Was sind Gerüche?
Was sind Düfte?

Zum Beispiel der Duft einer Rose?
Es sind keine Atome, keine subatomaren Teilchen.
Es ist nichts anderes als Myon-Neutrino`s bestimmter Größenordnungen und Frequenz (Quarks), die auf uns einwirken und uns dadurch schädigen können, dass sie eine Verbindung besitzen, die innerhalb unseres physischen Systems Kristallisationen erzeugen und aufgrund ihrer Größenordnung Kuben füllen und Diagonalen verschließen.
Oder aus einzelnen Myon-Neutrino`s bestehen, die aufgrund ihrer Größenordnung Würfelkuben füllen, die gefüllt sein müssen, um das physische System des Menschen zu erhalten.

Nehmen wir zum Beispiel das aus der sogenannten Außenseiter-Medizin bekannte Therapieverfahren, die "Bach-Blüten-Therapie".

Bei der Bach-Blüten-Therapie werden beispielsweise auf ein Gefäß, gefüllt mit destilliertem Wasser, also reinem (H_2O), Blütenblätter von Blumen auf die Oberfläche des Wassers gelegt. Dieses Gefäß wird jeweils zu bestimmten Zeiten dem Sonnenlicht ausgesetzt.
Bei diesem Vorgang wirken die Energie-Quanten = Elektro-Neutrino`s der Sonne dahingehend, dass sie aufgrund ihres hohen Druckes die Myon-Neutrino`s, in denen die gesamte Molekularstruktur holografisch als Form enthalten ist, zum Beispiel die des Rosenblattes, über die Diagonalen herausschlagen.

Das, was wirkt, kann die Molekularstruktur des Rosenblattes sein bzw. die Größe und Verbindung der Myon-Neutrino`s, die die Farbe bewirken.

Die herausgeschlagenen Myon-Neutrino`s binden sich durch die Bindungskräfte an die Molekularstruktur des, destillierten Wassers (H_2O), lösen sich, wenn das Wasser oral genommen wird, sofort von der Molekularstruktur und füllen die leeren Würfel auf, die naturgegeben gefüllt sein müssen.
Dass dieser Vorgang so abläuft, erkennt man an dem Ausbleichen der Farben der Blütenblätter, in unserem Beispiel, der Rose.

Dieses Wasser, und das ist unbestreitbar, zeigt bei bestimmten Krankheitssymptomen, vom Patienten getrunken oder als sogenannte Umschläge verwendet, Erfolge, die wir mit dem Begriff "Besserung bis zur vollständigen Heilung" bezeichnen.

In der Wissenschaft werden die Heilerfolge immer noch als "Placebo-Effekt" beschrieben, obwohl in mehreren Doppel-Blindstudien wissenschaftlich nachgewiesen wurde, dass der Placebo-Effekt ausgeschlossen werden muss.

Unter "Placebo-Medikament" versteht man zum Beispiel eine einfache Kalktablette, die man dem Patienten als Kopfschmerztablette verabreicht.
Der Patient wird von seinen Kopfschmerzen erlöst, weil er glaubt, er habe ein starkes Schmerzmittel erhalten.
Bei der Bach-Blüten-Therapie wirken zum Beispiel nicht nur die Druckgrößen der Molekularstruktur der Pflanze, sondern auch die abgestrahlten Druckgrößen der Farben.
Im Grunde genommen wirkt jedes Medikament in der Form, dass seine abgestrahlten Druckgrößen entweder durch Überdruck Diagonalen reinigen, also Energiestaus auflösen, oder Kuben füllen. Ein Zustand, den wir als Energieschwäche bezeichnen.

Die THERAPIE der FARBE

Auch die speziell in der letzten Zeit nicht nur in der alternativen, sondern auch in der orthodoxen Medizin eingesetzte Farbtherapie ist eine regulierende Therapie, die nach diesem gleichen Prinzip abläuft.
Das heißt, jede Farbe hat eine ihr eigene Abstrahlung von Verbindungen von Myon-Neutrino`s.
Ihre regulative Wirkung beruht auf folgendem Ablauf.

Farbe strahlt, bedingt durch ihre verschiedenartige Abstrahlung von Myon-Neutrino`s, subatomare Teilchen in das 2. System, das physische System des Menschen, ein.
Sie wirkt dahingehend regulierend, dass diese verschiedenartigen Verbindungen von Myon-Neutrino`s Kristallisationen in Diagonalen auflösen sowie leere Würfel kubisch füllen.
Wie uns der Eingeweihte erklärte, besitzt Farbe eine für uns nicht sichtbare Form, durch die jeweils verschiedenartige Verbindungen der Myon-Neutrino`s entstehen.

Es ist einer der Gründe, warum die verschiedenen Farben jeweils verschiedenartige Krankheitssymptome heilend regulieren.
An dieser Stelle möchten wir darauf aufmerksam machen, dass wir von einem Bereich reden, der für uns im Grunde genommen nicht denkbar ist.
Um überhaupt eine Größenvorstellung zu besitzen, wie groß ein Myon-Neutrino ist und in welchem Bereich das Geschehen regulierend wirkt, ein Beispiel.
Ein Stecknadelkopf besteht im subatomaren Bereich aus Milliarden von Myon-Neutrino`s.

Eines der für uns wichtigsten Experimente war das Experiment, das einer unserer Mitarbeiter, der in diesem Bereich forschte, durchgeführt hat und das in seiner Art, von der Beweisführung her, wahrscheinlich einzigartig ist. Lassen wir ihn in seinen Worten berichten.

„Da in der Astrologie für die Erstellung eines Horoskops die Angabe von Geburtsdatum und -stunde Voraussetzung, ist, stellten wir uns die Frage, "Warum?"

Der Einfluss der Planeten auf den Charakter, auf den Lebensweg des Menschen, auf seinen Bio-Rhythmus, auf seine Abhängigkeit (zum Beispiel Mondsüchtigkeit und ähnliches) ist bekannt.

Verwenden wir den heute gebräuchlichen Begriff der Wissenschaft und bezeichnen wir den Druck, den die rotierenden Planeten Erde, Sonne, Mond und die Sterne, unter deren Einfluss wir stehen, abstrahlen, als Magnetfeld, dann muss uns klar sein, dass dieser Druck gleich Magnetfeld uns, da wir selbst nur aus Ur-Energie bestehen, bewirkt.
Der Bio-Rhythmus, das heißt der biologische Rhythmus, dem der Mensch unterworfen ist, ist eine Realität, die auch von der Wissenschaft heute nicht mehr bestritten wird.
Im Gegenteil, in vielen fortschrittlichen Krankenhäusern werden Patienten nur dann operiert, wenn ihr Bio-Rhythmus auf der körperlichen Ebene ein Hoch hat.
Das gleiche gilt für viele Bereiche in der Wirtschaft, zum Beispiel für Flugpersonal verschiedener Fluggesellschaften oder für Busfahrer in der Sowjetunion, die in der Zeit als Schaffner arbeiten müssen, in der ihr Bio-Rhythmus in einer Minus-Phase ist, usw.

Dieser Bio-Rhythmus, der den Rhythmus von

23 Tagen gleich körperlicher Rhythmus,
28 Tagen gleich seelischer Rhythmus und
33 Tagen gleich geistiger Rhythmus

hat, existiert aufgrund der verschiedenen Rotationen der Erde um ihre eigene Achse.

Es würde zu weit führen, die genauen Zusammenhänge im Detail zu schildern. Aus diesem Grunde möchte ich es bei dieser kurzen Erklärung belassen.
Aufgrund dieses Wissens und Erkennens der Zusammenhänge sowie aus empirischem Wissen über die Zuordnung der Farben zu den jeweils einzelnen 12 Tierkreiszeichen setzten wir folgendes Experiment an.

Wir suchten jeweils 12 Personen aus, die im mittleren Teil des Quartals der Tierkreiszeichen geboren waren, und ließen sie für je 3 Stunden sich in einem Raum aufhalten, in dem wir sie dem Licht der Farbe aussetzten, die absolut konträr zu ihrer Farbe war.

Ausschließlich alle Probanden zeigten anschließend starke Zustandsveränderungen.

5 der Probanden im 1. Experiment unterbrachen nach 1 Stunde in aggressivem oder depressivem Zustand den Aufenthalt, die restlichen 7 spürten eine starke Wesensveränderung nach Beendigung des Experiments und fühlten sich genauso aggressiv oder depressiv.
Dieses Experiment ist von jedem selbst nachvollziehbar.

Nachdem wir dieses Experiment sechsmal mit fast gleichem Ergebnis hatten durchlaufen lassen, war uns klar, dass nur die Verbindungen der Myon-Neutrino`s der Konträrfarbe, die in den Körper eingestrahlt wurden, diesen Zustand verursacht haben konnten.

Nach diesen experimentellen Ergebnissen arbeiteten wir in der Praxis zusätzlich zu anderen Therapien mit der Abstrahlung der Farben.
Das heißt, nach dem Geburtsdatum des Patienten wurde die Farbe ermittelt und der Raum mit dieser Farbe ausgeleuchtet. Wir schraubten jeweils farbige Birnen in die Lampen des Behandlungsraumes in der Farbe, die wir, wie beschrieben, ermittelt hatten.

Die Ergebnisse waren sensationell.
Zum Beispiel normalisierte sich der Blutdruck eines Bluthochdruck-Patienten durch die bei uns eingesetzte Sauerstoff-IONEN-Therapie nach ungefähr 5 bis 10 Sitzungen von je 1 Stunde. Mit der zusätzlichen Farb-Frequenz-Therapie mit seiner Grundfarbe trat dieses Ergebnis schon nach 2 bis 3 Sitzungen ein.

Auf dieser erkennenden Grundlage haben wir eine Farb-Frequenz-Therapie aufgebaut."
Der Patient benutzt jeweils bei Organschäden nicht mehr die Farben der herkömmlichen Farb-Therapie organbezogen, zum Beispiel bei Galle- und Leberschäden GELB usw., sondern das Farbspektrum, das für ihn

auf der Grundlage des Vorhergesagten von ihm selbst oder vom Therapeuten ermittelt wird.

Damit diese Erkenntnis auch von einem Laien ausprobiert und überprüft werden kann, haben wir im Anhang die von uns ermittelte Farbtabelle, die Bestandteil der Therapie ist, beigefügt.

Angenommen, ein Patient hat die Farbe GELB im Nanameter- Bereich von 580 nm und ein entzündliches Geschehen im Organbereich, so hilft, um den Patienten in einen harmonischen Zustand zurückzuführen, nur eine niedrige Frequenz (BLAU / VIOLETT).

Ist es eine chronische oder degenerative Krankheit, so wird das Farbspektrum ORANGE bis ROT gezielt eingesetzt, bis zu dem Zeitpunkt, an dem die Harmonie in dem betroffenen Organbereich wieder hergestellt ist.

Die gesamte geschlossene Therapie, die entwickelt wurde, besitzt folgenden Vorteil.

Da wir die Punkte bzw. Ausgänge der Hauptdiagonalen, die jeweils zu einem bestimmten Organbereich gehören, in jahrelanger Forschung ermittelt haben, wurde nachstehender Therapie-Aufbau entwickelt.

Der Patient wird im 1. Gang 1½ Stunden in einen Raum gesetzt, in dem die jeweils ermittelte Farbe durch Lampen erzeugt wird.

Gleichzeitig wird in diesem Raum die Atemluft gereinigt, und es wird durch ein spezielles Gerät die Atemluft negativ ionisiert.

In diesem speziellen Gerät wird die Atemluft durch destilliertes Wasser geführt, das mit Procain und einem Vitaminkomplex versetzt ist.

Nachdem die Atemluft das Wasser durchlaufen und die Abstrahlung der Myon-Neutrino`s des Procains und der Vitamine als Transporteur aufgenommen hat, wird die Atemluft ionisiert.

Das heißt die Molekularstruktur des Sauerstoffs wird an einer bestimmten Stelle aufgespalten bzw. der kubische Inhalt wird bewegungsmäßig so verändert, dass die Molekularstruktur in der Lage ist, neue Myon-Neutrino`s, sagen wir ruhig, als Elektronen zu binden.

Der genaue Ablauf dieser Erkenntnis, wie die Ionisation von Sauerstoff auf dieser Grundlage abläuft, kann und soll nicht Inhalt dieser Erklärung sein, da sie weitgehende Kenntnis der Hochenergie- bzw. der Quanten-Physik voraussetzt.

Nachdem der Patient die Sitzung beendet hat, werden auf die ermittelten Punkte, die in einem speziellen Atlas festliegen, kleine Auflagen aufgeklebt, die die gleiche Farbe besitzen, die bei der Diagnose ermittelt und für die Bestrahlung verwendet wurde.

Über die Punkte bzw. die Ein- und Ausgänge der Diagonalen, die zu den Organbereichen führen, die reguliert werden sollen, werden nunmehr ununterbrochen die Quarks = Myon-Neutrino`s mit der Frequenz der jeweils ermittelten Farbe in den Organbereich eingestrahlt und greifen regulierend naturgegeben in das Krankheitsgeschehen ein.

Das Material der Auflagen spielt, wie wir nach dreijähriger Anwendung an Patienten in unseren Praxen erkennen konnten, keine wesentliche Rolle.
Unabhängig davon haben wir trotzdem Materialien benutzt, zum Beispiel reine Naturfasern, die mit Naturfarben gefärbt waren.
Der gesamte Aufbau dieser von uns auf dieser Grundlage entwickelten speziellen Farbtherapie kann von jedem Therapeuten innerhalb von ein paar Stunden erlernt werden.
Es ist eine Therapie, die ohne Zeitaufwand von Seiten des Therapeuten sowie von jedem Laien, ohne Schaden zu verursachen, durchgeführt werden kann.

XVIII.

Das GEHIRN des MENSCHEN

Abschrift der phonografischen Aufzeichnung
einer Aussage des Eingeweihten

Das im Folgenden Niedergeschriene ist eine Aussage, die uns wortwörtlich von dem Eingeweihten als Erklärung gegeben wurde.

Jeder von uns weiß, dass das physische System des Menschen ohne Gehirn nicht funktionieren kann.
Auch von der wissenschaftlichen Seite aus gesehen ist das Gehirn der Teil des Menschen, der noch am wenigsten erforscht ist.
Man hat grobe Theorien über die Vorgänge, die im Gehirn ablaufen, erstellt, aber wie alles genau funktioniert, weiß heute noch kein Mensch.
Auch nicht die Wissenschaft.

Was läuft in diesem menschlichen Gehirn ab?
Wir sagen, in diesem Bereich denken wir.
Wir speichern Wissen.
Wir finden - dieses Wissen vergleichend - Erkenntnisse, die wir als logische Schlussfolgerung bezeichnen.
Wir sagen, im Gehirn läuft der Vorgang des Erinnerns ab.

Wir speichern die Bilder, die wir mit den Augen wahrnehmen, die Geräusche, die wir mit den Ohren hören, und alles, was wir mit dem Körper fühlen, sowie alle Gerüche, die wir mit der Nase riechen.
Wir setzen die Struktur des Gehirns ein, die uns dazu verhilft, dass wir sprechen, lachen und singen können.
Ohne das Gehirn würde auch unsere sogenannte Motorik nicht funktionieren, das heißt die Bewegung unserer Körperglieder, das Einsetzen unserer Körperkraft.
Auch diese Information erhält der Körper vom Gehirn.

Doch es geht weiter. Das ist noch nicht alles.

Jede einzelne sogenannte Zelle des menschlichen Körpers steht im Feedback, das heißt informativ hin und zurück, mit unserem Gehirn in Verbindung.
Damit der nicht vorgebildete Laie das versteht, ein kleines Beispiel.
Der Volksmund sagt, wenn wir uns ärgern, ein Vorgang, der im Gehirn abläuft, führt das zu Magenstörungen bis hin zu Magengeschwüren.
Fragen wir uns, wie das funktioniert.
Denn nicht nur der Volksmund sagt heute, dass der Ärger, der im Grunde genommen Dys-Streß ist, Magen- und Darmschäden verursacht, sondern das ist heute Wissensgut der medizinischen Wissenschaft.
Hinterfragen wir diesen Vorgang, so müssen wir sagen, dass Ärger, der ja in unserem Gehirn abläuft, eine Informationskraft besitzen muss, die nicht nur in das Gehirn, sondern in den diesem Hirn-Areal untergeordneten Organbereich eingestrahlt wird.
Sagen wir, und ich behaupte es ja, dass die einzige Kraft, die etwas bewirken kann, die Kraft ist, die, strukturgebunden als Myon-Neutrino`s wirkt, dann ergibt sich schlüssig daraus, dass unsere Gedanken nichts weiter sind als Myon-Neutrino`s verschiedener Verbindungen gleich Größenordnungen, in denen die Gedankenform Bindungskräfte formt."
Ich will versuchen, es noch einfacher zu erklären, denn, wie gesagt, es soll keine wissenschaftliche Abhandlung, sondern eine Schilderung sein, die jeder Laie nachvollziehen kann.
Behaupten wir einfach an dieser Stelle:
"Alles Sein entsteht durch Myon-Neutrino`s."

Behaupten wir weiterhin, dass die Form des menschlichen Gedankens Inhalt eines Myon-Neutrino`s ist.
Innerhalb des Myon-Neutrino`s, in der Kraft oder in dem Geist, es ist gleich, wie Sie es bezeichnen, wird die Form aufgebaut und bewirkt durch ihren dynamischen Ablauf Veränderungen der Bindungen an ihren 8 Ecken.

Wenn das der Fall ist, dann kann sich jeder vorstellen, dass innerhalb des 1. Systems, das System, in dem die Wesenheit, die Seele, existiert, Verbindungen aufgebaut werden, die Störungen dadurch verursachen, dass Kristallisationen auftreten und Diagonalen verschlossen werden.

174

Ist das der Fall, so können Myon-Neutrino`s, die in einen Bereich, der hinter der Kristallisation liegt, eingestrahlt werden müssen, nicht eingestrahlt werden.
Die Folgen wären, und das ist von jedem gedanklich nachvollziehbar, Regulationsstörungen innerhalb dieses Systems.
Hohes Aufkommen von Myon-Neutrino`s an Stellen, an denen sie nichts zu suchen haben, würden dann Störungen verursachen, die im Endeffekt zu den Geschehen führen, die wir als Krankheitssymptome bezeichnen.

Das heißt zusammengefasst:
Unsere Gedanken, die als Myon-Neutrino`s die Gedankenformen in sich tragen, werden einmal in unserem Gehirn und einmal in dem untergeordneten Organbereich gespeichert sowie einmal nach außen abgestrahlt.
Das abgestrahlte Myon-Neutrino, das die Gedankenform in sich trägt, vervielfältigt sich holografisch aufgrund seiner Bindung in den Myon-Neutrino`s, die in der Atmosphäre sind, und wird automatisch in die umliegenden Molekularstrukturen einschließlich Mensch eingestrahlt.
Das Original-Myon-Neutrino, das abgestrahlt wird, wird, wie schon gesagt, wenn es eine neue nicht existente Gedankenform beinhaltet, in das Jenseits transportiert.
Die Duplikate, die dieses Teilchen während seines Weges bewirkt hat, wirken selbstverständlich, auch wenn für uns nicht direkt erkennbar, in den Molekularstrukturen, in die es eingestrahlt wird.

Dieser geschilderte Ablauf erklärt auch das, was man mit "kollektivem Bewusstsein" umschreibt.
Nehmen wir ein einfaches Beispiel.
In dem Moment, wo ich eine Gedankenform abstrahle, die als Inhalt, sagen wir zum Beispiel, das Vorstellungsbild "Krieg" besitzt, dann gehen die Duplikate dieser Gedankenform in die Atmosphäre und werden von da in die Molekularstrukturen bzw. Systeme des Menschen eingestrahlt.
Da jeder Mensch das Wort "Krieg" in irgendeiner Form in sich gespeichert hat, verbindet sich dieses Duplikat ohne Schwierigkeiten mit der vorhandenen Gedankenform oder den vorhandenen Gedankenformen und erzeugt eine Potenzierung dieser Gedankenform innerhalb dieses Menschen.

Wird sehr viel über die Medien oder in Gesprächen über Krieg gesprochen, so kann das dazu führen, da ein hohes Aufkommen dieser Gedankenform nunmehr in den Menschen existiert, dass etwas eintritt, was wir mit dem Begriff "Massenhysterie" oder "Panik" beschreiben.

Dass dieser Vorgang so abläuft, dafür gibt es eine wissenschaftliche Beweisführung.
Eine japanische Gruppe von Wissenschaftlern führte auf den Philippinen folgendes Experiment durch.
Auf einer Insel warfen sie den dort lebenden Affen rohe Kartoffeln zum Fressen vor.
Die Affen nahmen diese Kartoffel, die voller Sand waren, und fraßen sie.
Einer der Affen jedoch nahm die Kartoffel, ging an das Meer, reinigte die Kartoffel vom Sand und fraß sie danach.
Immer wieder wurden den Affen Kartoffeln zum Fressen in den Sand geschmissen.
Nach einer gewissen Zeit nahmen alle Affen auf dieser Insel die Kartoffeln, gingen zum Meer, reinigten sie vom Sand und fraßen sie dann erst.
Bis zu diesem Punkt könnte man die Erklärung benutzen, "Die Affen haben das, was eine Affe vormachte, abgeguckt und einfach nachgeahmt."

Dass das nicht der Fall war, ist eigentlich das Sensationelle an diesem Experiment.
Als diese Forschungsgruppe auf einer Nachbar-Insel, die von den ersten Affen nicht erreichbar war, ebenfalls Kartoffeln in den Sand warf, nahmen alle Affen dieser Insel die Kartoffeln, gingen an das Meer, reinigten sie vom Sand und fraßen sie erst dann.

Nachahmung entsteht also auch nur, und das auch noch über Entfernungen, durch Gedankenformen.

Das ist, wenn Sie darüber nachdenken, im Grunde genommen eine fast unvorstellbare Behauptung.
Aber diese Behauptung ist durch einfache Experimente beweisbar.

Eigene kurze Überlegungen

Die Aussage des Eingeweihten wurde von uns, da sie erst einmal für uns nur eine Behauptung darstellte, ohne Wertung akzeptiert.
Im Laufe der Zeit hatten wir uns abgewöhnt, die von ihm vorgeschlagenen Experimente in irgend einer Form zu werten, da alle Experimente, die wir auf seine Anregung hin durchführten, Erfolge zeigten, die uns immer mehr verblüfften.

Da wir die persönlichen Experimente in der Pyramide unterbrochen hatten, um dahinter zu kommen, warum der Aufenthalt in der geometrischen Form der Pyramide dazu führte, dass Bilder aus der Vergangenheit und Zukunft mit gleichzeitiger Analyse im Gehirn der Testperson entstanden sind, entwickelten wir folgendes Denkschema, das uns den Ablauf erklärbar macht.

Wir sagten uns:

Wenn der Gedanke der Inhalt eines Myon-Neutrino ist, das im 1. System gespeichert lagert, muss es einen Weg geben, auf dem diese Gedankenform wieder für uns erkennbar in den Bereich des Gehirns gelangt, der für das Erkennen zuständig ist.
Wenn Bilder aus der Vergangenheit sowie Bilder aus der Zukunft - in den jahrelangen Forschungen haben sich die Zukunftsbilder, die wir erhalten haben, alle hundertprozentig so, wie wir sie gesehen haben, realisiert - in unserem Gehirn wieder real erscheinen, so wie sie in der Vergangenheit abgelaufen sind und in der Zukunft ablaufen, dann muss es einen Weg geben, auf dem die in uns gespeicherte Ur-Gedankenform wieder neu mobilisiert werden kann.

Wir entwickelten folgendes Denkschema.

Jeder Gedanke, der in uns entsteht, kann nur entweder durch einen Reiz von außen oder einen Reiz von innen aus unserer Wesenheit, das, was wir als "Intuition, Idee oder Ahnung" bezeichnen, bewirkt werden.
Wir brauchen immer einen Reiz, um zu denken.

Spielen wir dieses Denkschema an einem Beispiel durch.

Sagen wir einfach, wir sitzen in einem Raum, haben die Augen geschlossen und denken einmal, was fast unmöglich ist, ein paar Sekunden nichts.

Sagen wir, es ist ein leerer Raum, und an der Wand vor uns hängt eine Fotografie von einer Person, mit der wir näher verbunden sind.
Nach diesen paar Sekunden des Augenschließens öffnen wir einen kurzen Moment unsere Augen und sehen das Bild an.
Wenn wir jetzt erneut die Augen schließen - Sie können es selbst nachvollziehen -, läuft in uns folgender Vorgang ab.
Wie ein Film entstehen jetzt ununterbrochen Gedankenbilder aus der Vergangenheit, die überwiegend als Mittelpunkt diese Person haben.

Das heißt also für uns, in Millionstel-Sekunden müssen Gedankenformen, die real in der Vergangenheit existierten, entweder aus ihrem Speicher in die Epophyse und von da in die Hypophyse transportiert worden sein, oder Myon-Neutrino`s sind in die Speicher gesandt worden und haben eine Matrize abgenommen.
Wir glauben, dass das Myon-Neutrino, das die Form, sagen wir, des Reizes, in sich trägt, ihre Form in eine nicht bestimmbare Zahl von Myon-Neutrino`s, die in der Epophyse ohne Form gleich Denkstoff gespeichert sind, eingebracht hat.
Diese Myon-Neutrino`s, die die Form des Reizes übernommen haben, werden nunmehr über die Diagonalen in die Speicher gesandt und finden aufgrund ihrer Bindungskräfte, die die Form in den Bewegungsablauf bewirken, all die Formen, die mit dem Reiz in Verbindung stehen.

Sie werden kurzfristig durch die gleiche Bindungskraft in die Ur-Form eingezogen, übernehmen die Gedankenform der Ur-Form und werden auf demselben Weg über die Diagonalen wieder in die Epophyse zurückgestrahlt.

178

In der Epophyse werden sie sortiert und in die Hypophyse eingestrahlt, wo sie, für uns erkennbar als Gedankenbild gleich Erinnerung, als Gedankenform sichtbar werden.

Ist dieser Ablauf beendet, entstehen in der Hypophyse aus diesem neu entstandenen Gedankenbild wiederum 2 neue Nachbildungen, die nunmehr einmal im Gehirn und einmal in dem untergeordneten Organbereich gespeichert werden.
Die Original-Matrize der Gedankenform wird wieder, wie schon erklärt, über die Stirn-Chakra, das sogenannte 3. Auge, aus dem Gehirn abgestrahlt.
Ein denkbarer, logischer, nachvollziehbarer Ablauf, der leider mit den heute vorhandenen Messgeräten noch nicht nachweisbar ist.

In unserem Denkschema, was sich experimentell im Nachhinein auch bestätigt hat, haben wir die Epophyse als den Organbereich klassifiziert, in dem der 1. Vorgang, durch den ankommenden Reiz bewirkt, abläuft.
Ein Vorgang, den wir als "unbewusst" bezeichnen können.

Die Hypophyse, im Grunde genommen die Zentrale unseres Gehirns, von der alle Informationen, wie wissenschaftlich nachgewiesen, in die untergeordneten Organbereiche abgestrahlt werden, ist unserer Meinung nach auch die Zentrale, in der sich die Gedankenbilder für uns erkennbar realisieren.
Inwieweit die Aussage stimmt, wissen wir nicht. Für uns ist das zur Zeit eine Hypothese, die denkbar ist.
Für den Eingeweihten ist es keine Hypothese, sondern absolute Realität, denn dieses niedergeschriebene Denkschema beruht auf seinen Erkenntnissen, die er uns übermittelt hat.
Wenn Sie einmal darüber nachdenken, dann werden Sie erkennen, dass dieses Denkschema so unrealistisch, wie es scheint, nicht ist. Im Gegenteil.
Wir glauben sogar, dass diese Hypothese die 1. Hypothese ist, durch die sich viele Abläufe in unserem Gehirn logisch erklären lassen.

XIX.

Gedanken-Pyramide

Gedanken sind etwas >>M A T E R I E L L E S<<...
Eine Aussage, die der größte Teil der Leser wohl auf Anhieb verneinen würde.
Doch lasst es mich erklären:

Gedanken sind nicht etwas Einmaliges oder Kurzfristiges.
Sie können eingelagert, weitergegeben oder von anderen aufgenommen werden.
Sie existieren als reale Seelenform im Kubisch-Dualem- Gitternetz.

Außerdem ist das, was wir als "unsere" Gedanken verstehen, immer nur eine Auffrischung bzw. eine Wiederholung der Erfahrung von Jahrmillionen Inkarnationsgeschichte.
Nach den Jahrmillionen der Evolutionsstrecken gibt es nichts, was noch nicht gedacht wurde.
Angefangen mit der gedanklichen Schöpfung unseres Universums durch unseren Ur-Schöpfer, über die Erschaffung der Wesenheiten durch seine Kinder - unsere Väter, bis hin zu den hochtechnologischen Errungenschaften unserer Zivilisation oder den Zivilisationen in anderen Welten und Dimensionen – in derzeitigen sowie aus allen früheren Evolutions- und Inkarnationsstrecken.

Für unsere Inkarnation stattet unsere Wesenheit die Seele mit den Informationen (Gedankenmuster) aus, die sie für ihren Lebensplan (Karma) benötigt.
Was jedoch nicht bedeutet, dass wir nicht jederzeit, (bzw. jeder nach seiner geistigen, spirituellen Reife) Zugriff auf das universelle Wissen, die Akasha-Chronik, haben.
Dies können wir, indem wir unsere Gedanken auf die Reise schicken.
Am einfachsten geht es mit Hilfe einer Pyramide, sowohl als festes Objekt, als auch als Gedankenpyramide.

Wie bereits erwähnt, sind unsere Gedanken die stärkste universelle Kraft. Stellen wir uns also vor, wir säßen in einer Pyramide, wird es uns nicht schwer fallen Kontakt zu unseren Engeln oder Lichtwesen zu erhalten, die sich bereit erklärt haben uns zu helfen.
Sie agieren im Hintergrund, meist von uns völlig unbemerkt und – je nachdem, welche geistige Reife wir erlangt haben, zeigen sie sich uns in ihrer Lichtform oder in menschlicher Gestalt.
(siehe auch Erklärung zu den "Hypnogenen Gedankenbildern")

Auch sind wir in der Lage mit Hilfe einer Gedanken-Pyramide Kraft (Energie) zu „tanken", uns vor äußeren Einflüssen zu schützen oder unsere eigene Energie, Schwingung nach außen hin abzuschirmen.

Schützt regelmäßig Euch, Eure Kinder und Euer Haus (Wohnung) etc. mit einer gedanklichen Pyramide und reinigt sie gedanklich von Zeit zu Zeit.
Eurer Phantasie sind hierbei keine Grenzen gesetzt.
Denn: ...wie schon gehört... Ihr könnt nicht denken, was nicht schon einmal existiert hat. Damit ist Phantasie = Realität und lässt sich verwirklichen.

Ein Experiment mit der Sexualität

In diesem Zusammenhang möchte ich euch eine kleine Anekdote erzählen, die wir auf Seminaren zur Verdeutlichung der Gedankenkraft angewandt haben.
Ohne zu wissen, wer sich auf welchen Platz setzen wird, haben wir kleine Pyramiden unter ein paar Stühle befestigt. Jeweils mit der Spitze nach oben, sodass sie direkt auf den Sitzenden zeigt.
Die kleinen Pyramiden haben wir jeweils mit verschiedenen Gedanken beseelt. Verschiedenfarbige Pyramiden hatten verschiedene Gedanken. Z.B. füllten wir eine Pyramide mit dem Wunsch dringend die Toilette aufsuchen zu müssen.
Eine andersfarbige Pyramide beseelten wir mit dem Wunsch ein sexuelles Erlebnis mit dem/r Partner/in zu haben.

Die Gedanken schrieben wir vor dem Seminar, den farbigen Pyramiden entsprechend in ein Büchlein. Da wir wussten, unter welchen Stühlen sich die Pyramiden befanden, konnten wir bei den jeweiligen Teilnehmern schnell Auffälligkeiten feststellen. Aber auch ohne unser Wissen, verhielten sich die "Probanden" so, dass es ihren Tischnachbarn auffiel.
Nachdem der Erste schon wiederholt den Raum in Richtung Toilette verlassen hatte, wurde es Zeit die Sache aufzulösen.
Wir fragten in die Runde, ob jemandem etwas merkwürdig vorkommt, ob einer einen Wunsch äußern oder eine Anregung machen möchte.
Der Toilettengänger versicherte, er habe keine schwache Blase, und er käme auch immer unverrichteter Dinge wieder in den Saal zurück, wo sein Wunsch umzukehren jedoch sofort wieder präsent wäre.
Ein weiterer Seminarteilnehmer, der kaum noch ruhig sitzen konnte, gab zu, nachdem er direkt von uns angesprochen wurde, dass er ein starkes Verlangen nach seiner Frau habe.
Und zwei, drei andere Seminarteilnehmer äußerten ebenfalls außergewöhnliche Gedanken und Wünsche.
Wir holten unser Büchlein, ließen die Personen unter ihre Stühle schauen und die Pyramiden in die Hand nehmen.
Dabei reinigten wir gedanklich die einzelnen Pyramiden, sodass die Seminarteilnehmer der Erklärung uneingeschränkt folgen konnten.

Dann lasen wir vor, welcher Wunsch oder Gedanke der jeweiligen Farbe zugeordnet war.
Keine Pyramide hatte ihren Zweck verfehlt.

Wirkung eines Negativen Gedankens.

Dies war, zumindest für die anderen Seminarteilnehmer, ein besonderer Spaß, der allerdings auch einen bleibenden Eindruck hinterließ.
Für uns war es logisch und folgerichtig, als auch die Möglichkeit die Kraft der Gedanken aufzuzeigen.
Je nachdem, wie weit der "Operateur" (in diesem Fall wir) in seinem Glauben (Wissen ohne Zweifel) ist, kann er auf diese Art viel erreichen.
Dies waren Gedanken, die in der Gegenwart gedacht und gelebt wurden.
Sie wurden zwar im Gedankenspeicher gelagert und im "Kosmische Geistfeld" als Matrize 1zu1 aufgebaut, jedoch ist die Situation gelebt und die Schwingungsfrequenz gelöscht worden.
Ähnlich sieht es bei Gedanken aus, die eine negative Situation zum Thema haben.
Diese sind generell nicht von > positiven < Gedanken zu unterscheiden – doch wer lebt sie schon gerne?
Sie werden, wie alle Gedanken, in der Hypophyse gebildet und in ein Myon-Neutrino gepackt, dann über das, für das Grundthema entsprechende Hirnareal, in den dazugehörigen Organbereich eingestrahlt. Gleichzeitig wird ein Duplikat (ebenfalls ein Myon-Neutrino) über das 3.Auge an das "Kosmische Geistfeld" abgegeben.
Trifft das erste Myon-Neutrino im Organbereich auf eine gleiche Schwingungsfrequenz, so gibt es seine Energie an das vorhandene Gedankenspeicher-Teilchen ab, und verstärkt den Gedankenspeicher-belasteten Bereich zusätzlich. Außerdem startet es ein Feedback zum Hirnareal mit der Info "Hatten wir schon mal".
Hat man diesen bekannten Gedanken jedoch etwas verändert bzw. etwas hinzugefügt, ändert sich die Schwingungsfrequenz oder Amplitude geringfügig, und das Myon-Neutrino lagert sich in der Nähe der ähnlichen Gedankenspeicher-Teilchen in einen unbelasteten Seelen-Kubus ab.
Das Seelen-Teilchen, das zum Grundsystem des Menschen gehört, und für seinen Bereich die wichtigen Informationen zum Aufbau der Materie

und dem Karma trägt, füllt im "Kubisch-Dualem-Gitternetz" das obere und untere Sechstel eines Kubus aus.

Lagern sich jetzt zwei Gedanken, in Form von Gedankenspeicherteilchen, einer vorne / hinten und einer links / rechts, in diesen Kubus an das Seelenteilchen an, so wird die Schwingungsfrequenz des Seelenteilchens durch die dumpfere Schwingung der beiden Gedankenspeicherteilchen weites gehend geblockt, sodass die Informationen des Seelenteilchens, in Form von Schwingungsfrequenzen, nicht mehr nach außen dringen kann.

Informationen zum Aufbau und Erhalt des Körpers, sowie Informationen zum Karma sind nicht mehr abrufbar. Das heißt: keine Intuition mehr, und der Körper erfährt eine Disharmonie (auch Krankheit genannt).

Bei vereinzelten Gedanken wirkt sich dies kaum aus.

Denkt die Person jedoch ständig und psychisch isoliert über ein Problem nach, bewirkt dies eine immer größer werdende Zahl von Gedankenspeicherteilchen, die irgendwann einen dementsprechend großen Teil der Seelenteilchen blocken.

Damit werden nicht nur die Seelenteilchen von der Einheit >Mensch< getrennt, sondern auch die Meridianen (Energiebahnen) werden verengt, dadurch, das der Stoffwechsel dahingehend beeinflusst wird, dass Zellen sich "Fremdversorgen" oder Teile der Glukosegewinnung nicht mehr vollendet werden können. Atome und Moleküle werden nicht mehr von der körpereigenen Abwehr abtransportiert und abgelagert.

Die Bahnen für die Elektro-Neutrinos verengen sich und es kommt zu Energie-Staus, die wiederum zu Energiemangel führen, und durch den Rückstau, z.B. zum Hirnareal, Schmerzen hervorrufen.

Das Blockieren, bzw. die Inaktivität der körpereigenen Abwehr ist eine Immunschwäche, die Krankheitsbilder hervorrufen, die wir im weit fortgeschrittenen Zustand als Krebs oder Aids bezeichnen.

(Ausführlich wird dies in den Büchern "Phänomen Leben" und "Krebs - Chance oder Finale" erklärt; Infos am Ende dieses Buches)

Positive Gedanken hingegen haben eine höhere Schwingungsfrequenz, sie werden nicht so intensiv und psychisch isoliert gedacht. Man spricht sie eher aus, was ebenfalls ein "Verleben" bedeutet, bzw. man verlebt diese Situationen gerne und gegenwartsbezogen; man schiebt sie nicht auf "die lange Bank".

Dies führt in den wenigsten Fällen zu einer Anhäufung von Gedankenspeicherteilchen, die eine Disharmonie hervorrufen.

Wer also überwiegend gegenwartsbezogene liebevolle Gedanken hat, ist mit Leib und Seele im Einklang.

Sprich: Ein gesunder Geist erhält den Körper gesund.

Denn ohne den Einfluss unserer Gedanken, und damit sind auch schon die Gedanken einer Mutter über ihr ungeborenes Kind gemeint, würden wir gesund geboren werden und auch gesund "gehen".

Mutter wusste es besser

Oder besser: Mutter wusste wovon sie redet, wenn sie ihre Kinder durch die "Leiden" der Kindheit bringt.

Wer hat noch nicht einmal einem kleinen Menschen die Hand aufgelegt oder mit Hilfe der Spucke oder dem Atem (Pusten) kleine Blessuren behandelt?

Meine Mutter sagte immer: „Es ist gar nicht so schlimm.", „Es tut schon gar nicht mehr weh." oder „ Es ist gleich vorbei." Als ob sie selber den Schmerz spüren konnte. Und so war es auch.

Durch das Auflegen der Hand auf die Stelle, und die gedankliche Vorstellung, dass es nicht mehr weh tun würde, zieht die Mutter die "Energiespitzen (Energiequanten)" aus diesem Bereich, und reguliert ihn so mit ihrer harmonischen Schwingung.

Ähnlich verhält es sich mit Pusten oder Spucke. Diese Faktoren haben auch eine "geregelte" Frequenz, die der hohen Frequenz der Störung (Verletzung) entgegen wirkt.

[Zusätzlich wirken hierbei die ionisierten Moleküle, die der verletzte Bereich, aufgrund des hohen Regelbedarfs anfänglich nicht selber zur Verfügung stellen kann. Die Energiespitzen verhindern eine schnelle Regulation. Im Detail nachzulesen in Krebs – Chance oder Finale.]

Mit dem Begriff "Mutter wusste es besser" kann man auch sagen, dass sie intuitiv weiß, dass der Schmerz "nur" eine Meldung des Gehirns ist. Man kann ihn abschalten, indem man sich ablenkt, oder abgelenkt wird, was ja gerade die Kleinen von der Mutter schnell akzeptieren.

Die fotografische Gedankenform

Gedanken formen unseren Körper.
Sie verdichten Energiebahnen, führen zu Staus und zu Disharmonien.
Dies wirkt sich auf die Gesamtfrequenz unseres Körpers aus. Da die
Frequenz immer einhergeht mit einer Farbe, lässt sich an unserer Aura
der körperliche / geistige Zustand "ablesen";
und inzwischen auch fotografieren.

Dazu sollten wir das Entstehen der Aura etwas verdeutlichen:
Wir leben in einem Neutrino-Feld, und sind Bestandteil dieses Feldes.
Unsere körperlich-materielle Struktur besteht aus den gleichen Teilchen
wie dieses Neutrino-Feld. Für die Materie mit einer Frequenz versehen,
werden die Neutralen Neutrinos (Myon-Neutrino`s) zu Quarks (Tau-
Neutrino`s).
Die Wissenschaft glaubt, dass wir ständig von diesen Neutrinos
durchdrungen werden, was so nicht ganz richtig ist.
Ein Neutrino durchdringt keine Materie, es trifft auf das erste äußerste
Materieteilchen und übernimmt diesen Platz. Dabei kommt es zu einer
Mini-Regulation, dadurch, dass das Neutrale Neutrino die hohe
Schwingung des Quarks beim Übernehmen weiterleitet. Das N.-
Neutrino schwingt sich in die von der Seele vorgegebenen Frequenz ein,
und wird selber zu diesem Quark.
Die hohe Frequenz wird weitergedrückt in das nächste Quark. Dieses
Quark übernimmt die Frequenz, und übergibt seine Schwingung an das
Übernächste usw. usw..
Dies passiert einige Milliarden mal, bis die zwischenzeitlich höchste
Frequenz am anderen Ende angelangt ist, und aus dem Körper in das
Neutrinofeld eingeht.
Dieses Rausschlagen des mit einer hohen Schwingung belasteten Quark,
ist in dem Neutrinofeld, in Verbindung mit den Millionen ähnlich
austretenden Quarks, als Farbe zu erkennen. So lange, bis die Quarks
sich in dem Neutrinofeld soweit verteilt haben, das ihre Konzentration
abnimmt, und die Aura verblasst.
(Auf ihrem weiteren Weg gelangen sie u.a. auch in das Erdmagma, wo
sie von ihrer Frequenz befreit werden, und als N.-Neutrinos wieder
durch den Erdmantel gehen. Jedoch so, wir vorab beschrieben,

186

übernehmen sie auch hier immer die höchste Schwingung. Eine einfache, und logische Erklärung für Erdstrahlung.)

Beispiele, an denen wir die Auswirkungen des Neutrinofeldes ständig spüren:
- Wir merken, dass wir von jemanden fixiert werden, selbst wenn dieser hinter uns steht.
- Wenn wir einen Raum betreten, spüren wir fast körperlich die Schwingung die dort herrscht.
  Je intensiver die Freude oder der Frust der anwesenden ist, umso stärker trifft es uns.
- Wir denken an jemanden, und kurz darauf treffen wir ihn, er ruft uns an oder ähnliches.

Macht Euch mit dem vorab Gelesenen Eure eigenen Gedanken, und Ihr werdet selber weitere Beispiel finden und es nachvollziehen können.

Diese Quarks, frequenzgeladenen Neutrinos, sind die Teilchen, die mit ihrer Energie die Aura bilden.
Normalerweise sollten, gleichmäßig über den gesamten Körper verteilt, die Quarks mit einer regelmäßigen Stärke den Körper verlassen.
Tun sie es nicht, liegt es an Störungen in der Molekularstruktur, die durch Gedanken hervorgerufen wurden.

Anders verhält es sich mit den Elektro-Neutrinos, Sie können durch ihre hohe Schwingung (Energie) mit den Neutrinos und den Quarks keine Verbindung eingehen, und nutzen die Meridianen als Bahnen durch Körper.
Bei Störungen der Molekularstruktur, können sie einzelne Bahnen nicht ungehindert nutzen, es kommt zu Staus, zu Überenergetisierung und Schmerz, durch den Rückstau zum Gehirn.
Außerdem können sie den Körper über die verengten oder blockierten Meridiane nicht verlassen. Dies kann man mit der Kirlianfotografie sichtbar machen, da diese austretenden Elektro-Neutrinos die Fotoplatten belichten, und bei Staus in einem bestimmten Bereich keine Elektro-Neutrinos den Körper verlassen.

Telepathie – oder?

Wie oben schon erwähnt, gibt die Hypophyse ein 2. Myon-Neutrino an das Kosmische Geistfeld ab.
Trifft der Gedanke hier auf eine gleiche Schwingungsfrequenz, so übergibt er seine Energie. Ist es ein neuer Gedanke, so wird durch das Myon-Neutrino, durch Zuhilfenahme der "Freien Energie-Teilchen" (Tachyonen) die Schwingungsfrequenz so lange an weitere Myon-Neutrino`s übertragen, bis sich der Gedanke 1zu1 im Kosmischen Geistfeld aufgebaut hat.

Das bedeutet, dass alle Gedanken als Intuition, Idee oder Plan abrufbar sind. Jeder der dazu, bewusst oder unbewusst, in der Lage ist, kann im "Kosmischen Geistfeld" "fischen" gehen, bzw. die Schwingung des ersten Gedanken tragenden M.-Neutrinos auf dem Weg ins "Kosmischen Geistfeld" aufnehmen.
= Telepathie.

Es bedeutet aber auch, dass, je mehr gedacht und nicht verlebt wird, unser Erdkubus durch reale Gedankenformen verdichtet wird. Es ändert sich die Frequenz im Erdkubus, und natürlich auch die unserer Erde.
Nehmen wir dazu noch die Unmengen an Energiequanten, die wir seit ca. 200 Jahren produzieren, wundert es einen nicht mehr, das wir alle die Auswirkungen zu spüren bekommen.

– Mutter Erde wehrt sich –

XX.

Heilpyramide

Jede kubische Pyramide entspricht als Doppelpyramide dem Grundmuster unserer Existenz.

Die obere Pyramide, mit der Spitze nach unten, verkörpert die geistige, höhere und helle Ebene, und die untere Pyramide verkörpert die materielle, tiefere und dunkle Ebene.

Befinden wir uns in "unserer Mitte", so haben wir, für das Leben auf der Erde, den perfekten Zustand. Wir leben in Harmonie, sind ausgeglichen und in der Lage unser Karma (Lebensplan) zu erfüllen.

Tendieren wir bereits zur oberen Pyramide, sind wir in der Lage "aus dem Vollen zu schöpfen". Das heißt, wir haben unser Ziel fast erreicht, und was noch fehlt lässt sich mit Hilfe der Lichtebene schnell und leicht vollenden.

Leben wir in der unteren Pyramide, sind wir stark von unserer Seele (Wesenheit) getrennt und haben es dementsprechend schwerer unseren Lebensplan (Karma) zu erfüllen.

Eine Möglichkeit einen Ausgleich zu schaffen ist die Heil-Pyramide, oder auch Heil & Meditations-Pyramide.

Vorausgesetzt, sie fügt sich in das Kubisch-Duale-Gitternetz ein. Durch eine exakte Nordausrichtung, erhält man Kontakt zu der oberen Pyramide, was sich geistig und körperlich auswirkt.

Wenn man nun seine Gedanken auf ein positives und harmonisches Gedankenbild lenkt, wird nach einer gewissen Zeit der „Alpha-Zustand" erreicht und die Seele kann ihre Energien fließen lassen.

Die Energien fließen wie in einer Unendlichkeitsschleife durch die zwei Pyramiden (Doppelpyramide), was zu einem Ausgleich führt, zu Harmonisierung und zu Regulation.

Außerdem findet die Seele, über die Diagonalen der Doppelpyramide, ihren geistigen Gegenpart, ihre Wesenheit, im Kosmischen Geistfeld.

Der Weg von der materiellen zur geistigen Pyramide

Wie im vorigen Abschnitt angesprochen, symbolisiert die Doppelpyramide eine Dualität.
Wie alles im Kosmos, so existieren auch wir in einer Wechselwirkung
von Gut & Böse
Hell & Dunkel
Oben & Unten
Liebe & Hass

Unten, Hass, Dunkel oder Böse, sowie die vielen anderen "negativen" Seiten einer Sache oder Situation, werden durch die unter Hälfte der Doppelpyramide symbolisiert oder auch manifestiert.
Sie ist die "Materielle Pyramide".
Nach der "Atlantischen Numerologie" stehen ihre 4 Seiten für Verstand, Gefühl, Denken und negativer Seele.
Die obere Hälfte symbolisiert die geistige Pyramide mit den Eckpunkten Eingebung, Harmonie, Energie und positive Seele.

Wo die Spitzen der Pyramiden aufeinander treffen ist der Mittelpunkt, die Ausgeglichenheit, Ruhe und Ordnung.
Dies ist der Idealzustand für unser Erdenleben. Ohne die Materie können wir nicht inkarnieren und unsere Aufgabe(n) erfüllen.
Und ohne den Anschluss an die geistige Ebene wissen wir nicht, was unsere Aufgaben sind.
Halten wir zwischen der materiellen Pyramide und der geistigen Pyramide ein Gleichgewicht, sind wir in der Lage unseren Lebensplan ohne Umwege zu erfüllen, kein Schicksal zu machen und unser Karma zu leben.
Je mehr wir von unserem Karma (materiellem Ballast) "abwerfen", je leichter werden wir, und je mehr leben wir in der geistige Pyramide.
Bis alles Karma verlebt und die Aufgaben erfüllt sind, und unsere Wesenheit die Seele abberuft.
Damit trennen wir uns wieder von der Materie, der materiellen Pyramide, und gehen über die geistige Pyramide in die Diagonalen und zurück zu unserer Wesenheit.
Oder wir inkarnieren nur kurzzeitig um eine bestimmte Aufgabe zu erfüllen.

Wenn dies in jungen Jahren der Fall ist, suchen diese Seelen sich oftmals große Katastrophen oder Unglücke aus, um sich von der Materie trennen zu können, wobei diese Trennung auch die Aufgabe sein kann. Eine Aufgabe, bei der sich die Wesenheit für die verbleibenden Seelen bereit erklärt hat, damit diese etwas leben und somit erkennen können.

Selbst bei Neugeborenen, die mit einer geringen Menge Restkarma inkarnieren, kann ihre Aufgabe bereits im Wochenbett erfüllt sein, und sie gehen zurück ins Licht.
Ihr seht, der Weg zur geistigen Pyramide kann vielschichtig sein.
Doch Fakt ist, je länger wir auf Erden verweilen, je mehr Schicksal laden wir uns auf, und umso länger dauert es dieses wieder zu löschen. Schicksal, welches in der derzeitigen Inkarnation nicht verlebt werden kann, wird mit "hinüber" genommen und beim nächsten Mal als Karma im Lebensplan verankert. Außer der Gewalt. Schicksal durch angedachte Gewalttaten fällt für die kommenden Inkarnationen unter die Gnade.
Es verbleibt jedoch bei der Wesenheit, und ist somit über das "Kosmische Geistfeld" abrufbar.
Man könnte sagen, dass diese Seele eine Prägung hat.
Um diese Prägung überwinden zu können, inkarniert die Seele in einen Bereich, der durch Gewalt gezeichnet ist.
Damit liegt es an der Seele diese Prägung zu überwinden, oder sich "Ihrem Schicksal zu ergeben".
Sie ruft die gewalttätigen Situationen aus dem Kosmischen Geistfeld ab und schafft somit bei sich und anderen weitere negative Gedankenbilder, die zu Schicksal werden, und in letzter Konsequenz ein weiteres Mal zu Karma und erneuter Inkarnation führen.
Im Kapitel 23 haben wir schon angesprochen, dass dies die Problematik ist, die es zu lösen gilt.

Erst derjenige, der Ursachen als gegeben annimmt und für sich lösen kann, ist in der Lage den Kreis zu durchbrechen, dadurch, dass er keine Wirkung zeigt.
Dies bedeutet ALLES in Liebe anzunehmen, zu erkennen, des anderen Tat zu verstehen, ihm zu verzeihen und ihm, als auch letztendlich sich selber, zu helfen.

Erkennen, Verstehen, Verzeihen und Helfen

ist der Weg von der materiellen zur geistigen Pyramide.

Der Weg zu Eurer Wesenheit durch die "Hypnogenen Gedankenbilder"

Nachdem wir Jahre lang viele Techniken selbst angewandt und gelehrt habe - einschließlich der "Hetero-Hypnose" (Fremd-Hypnose), erkannte ich, dass es auf dem Weg der Ruhetönung möglich ist, mit bestimmten Techniken nicht nur seine Vergangenheit aufzuarbeiten, sondern auch "gegenwartsbezogen" sein Leben zu gestalten.
Nach mehreren Jahren ist es gelungen, eine Technik zu entwickeln, die wir Ihnen unter dem Namen "Hypnogene Gedankenbilder" vorstellen möchte.

ANWENDUNG der MEDITATIONS - Technik "Hypnogene Gedankenbilder"

L.W. Göring

Wenn Sie keinerlei Vorkenntnisse im Bereich der Meditation, des Autogenen Trainings oder einer sonstigen Technik, durch die eine Ruhetönung erreicht wird, besitzen, spielt dies keine Rolle. Denn die Technik ist einfach zu erlernen, da sich JEDER, auch ein Kind, die Anweisungen leicht merken kann.

Nachdem Sie, wie in der Gebrauchsanweisung beschrieben, Ihre Pyramide aufgebaut und in ihr Platz genommen haben, beginnen Sie mit folgender Technik, die Sie sich während des Lesens der folgenden Niederschrift einprägen, das heißt als Wissen in Ihrem sogenannten Kurzzeit-Gedächtnis speichern.

Sind alle Störquellen ausgeschaltet (wie z.B. Telefon und Klingel abstellen sowie, falls nötig, Mitteilung an Ihre Mitbewohner mit der Bitte um Ruhe, da Sie sich in Meditation befinden usw.), setzen Sie sich bequem hin, legen Sie ganz locker Ihre Hände auf die Knie, richten den Oberkörper gerade auf und halten den Kopf in einer aufrechten Haltung. Beide Beine stehen fest, recht-winklig ausgerichtet, auf dem Boden. Sie atmen 7 x hintereinander gleichmäßig durch die Nase ein, so, dass sich der Bauch nach außen wölbt, und durch den Mund aus. Nachdem Sie 7 x ein- und ausgeatmet haben, senken Sie den Kopf und lassen Ihren Körper locker in sich zusammenfallen.

Alle Gedanken, die Ihnen in den nächsten 5 Minuten kommen werden, lassen Sie einfach kommen, ohne sie festzuhalten, ohne weiter darüber nachzudenken.
Sie werden alle möglichen Geräusche wahrnehmen. Aber auch diese lassen Sie, ohne darüber nachzudenken, woher oder wovon sie kommen, geschehen. Nach etwa 5 Minuten - später, wenn Sie die Technik beherrschen, fällt all das weg - beginnen Sie einfach, sich mit Ihrem Körper zu beschäftigen. Sie nehmen Ihren Herzschlag wahr, spüren, wie Sie atmen, und lassen auch diese Gedanken ganz locker und leicht in Ihnen wirken.
Nachdem Sie dies ca. 5 Minuten getan haben, beginnen Sie gezielt, folgende Gedankenbilder zu erstellen.

Als Erstes sehen Sie in Ihrer Gedankenvorstellung eine Mulde mit einem Durchmesser von ca. 20 - 30 m und einer Tiefe von ca. 3 m, die an den Seiten flach nach oben geht.
In der Mitte der Mulde steht eine Kristall-Pyramide, die ca. 3 m hoch ist und eine Grundfläche von 6 x 6 m besitzt.
Nachdem Sie sich dieses Gedankenbild geschaffen haben, vervollständigen Sie das Bild und sehen sich selbst in der gleichen Sitzhaltung, wie Sie sie im Moment innehaben, in dieser Pyramide sitzen.
Gedankenbildlich sehen Sie sich nunmehr in der Mulde um und erkennen, dass sie mit einem wunderschönen *grünen* Rasen ausgestattet ist.
Nachdem Sie Ihren Blick gedanklich über die obere Kante der Mulde erhoben haben, nehmen Sie über sich einen *azur-blauen* Himmel wahr.
Wenn Sie wollen, sehen Sie ein paar leichte Zwirnwolken, die wie ein leichter Schleier aussehen und sich langsam auflösen. Oder kleine

Kumuluswolken, die der Volksmund als "Schäfchen-Wolken"
bezeichnet.
Sehen Sie sich jetzt weiter gedanklich in der Mulde um, so
Verbleiben Sie in der 1. Sitzung so lange in diesem Gedankenbild, wie
Sie es aushalten.
Aber denken Sie daran, wenn andere Gedankenbilder auftreten und Sie
das Bild der Mulde mit der Pyramide nicht mehr festhalten können,
unterbrechen Sie die Sitzung sofort!
Wiederholen Sie nach einer Ruhepause von ca. 30 Minuten diesen
Vorgang, bis Sie sich ohne Schwierigkeiten eine halbe Stunde lang
gedanklich in der Kristall-Pyramide in dieser Mulde aufhalten können,
ohne dass andere Gedankenbilder auftreten.

Allein das Erlernen dieser "Ruhetönung", die wir in unseren Praxen
Krebs-Patienten sowie anderen chronisch erkrankten Patienten
beigebracht haben, bewirkt eine Entstressung und fördert den
Heilungsprozess in einem unvorstellbaren Maß.

Treten andere Gedankenbilder auf, verlassen Sie wieder die Mulde und
die Pyramide für 1/2 Stunde und wiederholen Sie den gesamten Vorgang
noch einmal.
Es ist Ihnen überlassen, wie oft Sie das tun wollen oder müssen, bis Sie
sich, ohne Schwierigkeiten und ohne dass andere Gedanken kommen, in
dieser gedachten Kristall-Pyramide in der Mulde aufhalten können.

Personen, die Autogenes Training, Meditation oder sonstige
ruhigstellende Techniken anwenden, benötigen meistens nur eine
Sitzung, um das Ziel zu erreichen.
Diejenigen, die keinerlei Technik beherrschen, brauchen meistens 2 bis
maximal 5 Sitzungen, bis sie in der Lage sind, sich ihre Gedanken-
Pyramide und Lebensmulde zu schaffen und sich in der Zukunft in jeder
Situation, um Kraft zu schöpfen, in ihre Lebensmulde zurückziehen zu
können.
Zu dem Zeitpunkt, an dem Sie sich 1/2 Stunde lang, ohne dass in Ihnen
andere Gedankenbilder als die der Pyramide in der Mulde entstehen,
gedanklich in dieser Mulde aufhalten können, beginnt für Sie *der Weg
in die Vergangenheit.*

194

Nach ca. 1/2 Stunde, wenn Sie selbst fühlen, es ist der Zeitpunkt da - verweigern Sie jedoch der Neugier das Recht, Sie zu zwingen -, stehen Sie *gedanklich* auf, verlassen die Kristall-Pyramide und gehen langsam, gemessenen Schrittes, links an der Vase vorbei den Abhang der Mulde hoch.
Bevor Sie über den Rand der Mulde hinwegsehen können, schließen Sie gedanklich die Augen.
Senken Sie Ihren Kopf in Richtung Ihrer Füße, so dass Sie in Gedanken nur den Rasen sehen, auf dem Sie in der Mulde gehen.
Oben angekommen, verweilen Sie einen kurzen Moment mit geschlossenen Augen, atmen durch die Nase ein, so, dass sich der Bauch dehnt, und durch den Mund aus und öffnen *gedanklich* Ihre Augen.

All das, was Sie in dem Moment sehen, wenn Sie die Augen öffnen, sind Erlebnisse aus Ihrer Vergangenheit, bewusst oder unbewusst wahrgenommene Geschehnisse, eingebunden in Bilder.

Machen Sie sich keine Gedanken, egal ob der sich Ihnen bietende Anblick Ihrer Meinung nach, verwenden wir dafür die uns bekannten Begriffe, gut, schön, sensationell, faszinierend oder bös, Angst einflößend oder schrecklich ist.
Es sind Bilder, die Sie in der Vergangenheit unbewusst oder bewusst aufgrund von Reizen aus Ihrem Umfeld aus vielen sogenannten guten oder schlechten Eindrücken erstellt haben.
Manche Menschen erleben bei ihrem ersten Kontakt mit dem Unbewussten wunderbare bildhafte gedankliche Vorstellungen.
Andere Personen, die sich mit starken Problemen herumschlagen, nehmen Gedankenbilder wahr, vor denen sie erschrecken.
Sie brauchen keine Angst zu haben. Es ist ein normaler physikalischer Ablauf.
Auch wenn die entstehenden und von Ihnen gesehenen Gedankenbilder faszinierend sind, für Sie sollen sie nur ein Übergangsstadium sein.

Die genaue Deutung speziell dieser Anfangsbilder, die die Problematik der Gegenwart, in der Sie leben, widerspiegeln, ist im Grunde genommen für den weiteren Weg unbedeutend.

Wichtig wird sie nur dann, da, wie schon gesagt, sich in diesen Bildern die Problematik der Gegenwart widerspiegelt, wenn diese Technik von einem Therapeuten zu therapeutischen Zwecken eingesetzt wird.
Der therapeutische Einsatz in Verbindung mit anderen Therapien, die auf der gleichen Grundlage entwickelt wurden, bedarf einer speziellen Ausbildung.

Nach ca. 5 - 6 Sitzungen von 1 - 2 Stunden »die Menge der Sitzungen ist bei jeder Person verschieden, es spielen dabei das Alter sowie der Gesamt-Zustand eine Rolle« wird folgendes Gedankenbild entstehen.
Wie von allen Personen von Anfang an geschildert, daher schließe ich eine Suggestion nicht aus, erscheint in Ihren Gedankenbildern zu irgend einem Zeitpunkt, während die genannten Bilder ablaufen, das Bild einer Person, die vom äußerlichen Erscheinungsbild her männlichen Geschlechts ist und weiße Kleidung trägt.
Diese Person, ich bezeichne sie als "meditative Kraft", führt Sie, gleich in welchem Gedankenbild Sie sich befinden, inner- oder außerhalb der Mulde, an ein Tor. Da alle Personen diesen Vorgang erlebten, wurde von uns für dieses Gedankenbild der Begriff "Tor zum Unterbewusstsein" geprägt.
Haben Sie das Tor erreicht, verlässt diese meditative Person Sie, das Tor öffnet sich, und vor Ihnen liegt als Gedankenbild ein riesengroßes Tal.
Der Ablauf, den ich im nachfolgenden beschreibe, ist mit kleinen Abänderungen so, wie ihn überwiegend fast alle Personen gesehen und erlebt haben.

Ein Weg, der in das Tal führt und auf dem die Person, die die meditative Sitzung durchführt, hinuntergeht, eröffnet dem Betrachter die Sicht auf das ganze Tal. Das Aussehen des Tales wurde von fast allen Personen wie folgt beschrieben:
Ein langes, ovales geschlossenes Tal, was von 3 Seiten von mit Bäumen bewachsenen Hängen eingeschlossen ist. An der Sichtseite des Tales ein Bergmassiv.
Der Boden des Tales mit 20-30 cm hohem Gras bewachsen und voller Blumen aller Art. Überall erkennbar blühende und Früchte tragende Bäume. Viele fröhliche, lachende weiß gekleidete Menschen. Männer und Frauen jeden Alters. Kinder, lachend und tanzend, auf der Wiese sitzend oder gehend.

196

Alle Personen berichteten, dass diese Menschen ihnen vor deren Tod oder als jetzt noch lebend bekannt waren.

Menschen, die sie mochten und nicht mochten, hatten in diesen Gedankenbildern alle eine Ausstrahlung, die die Personen als die der Freundschaft und Liebe bezeichneten.

Alle Personen, die dies erlebten, hatten im Anschluss an die Sitzung zu den Menschen, die sie vor der Sitzung nicht mochten, hassten oder teilweise als Feinde bezeichneten, eine positiv veränderte Denkungsweise. Sie überprüften die Gründe, die dazu geführt hatten, dass sie diesen Personenkreis nicht mochten, und stellten fest, dass die Gründe nichts weiter waren als *intolerantes Verhalten von ihrer Seite aus*.

Auch wenn es nicht bei der überwiegenden Zahl eine Handlung war, die direkt nach den Sitzungen ablief, so haben doch alle Personen in kurzer Zeit ihr Verhältnis zu diesen Menschen persönlich so weitgehend geändert, dass diese Problematik nicht mehr existierte.

Alle Personen waren in ihren negativen Entscheidungen sehr vorsichtig geworden und überprüften, bevor sie urteilten, auf der Grundlage der TOLERANZ jede Situation.

Nachdem die Personen von vielen der anwesenden Menschen im Tal begrüßt worden waren, kam es immer wieder, wie von den Personen beschrieben, zu folgender Begegnung:

Ein oder drei in Weiß gekleidete ältere Männer, so wurden sie von den Personen beschrieben, empfingen sie und setzten sich mit ihnen unter eine große weitausragende Eiche.

Nachdem sie Blickkontakt, entweder mit der einzelnen Person oder mit jeder der 3 Personen, aufgenommen hatten - beschrieben wird dieser Vorgang meistens mit der Aussage: "Die Augen besaßen den Ausdruck einer unendlichen Tiefe." - und nach einem kurzen Gedankenaustausch, der wie ein Wortwechsel empfunden wurde, fühlten sie sich plötzlich hineingezogen in eine dieser Personen und wurden eins mit ihr.

Immer stellte die Person sich mit den Gedanken-Worten vor:

"Ich bin deine Wesenheit und verkörpere unser Sein.
Folge mir! Ich führe dich zu dem Ort, in dem unser Wirken
und Tun aus der Vergangenheit und Zukunft aufgezeichnet steht."

Nach diesen Worten gingen alle Personen, die zugleich die Gestalt der Wesenheit besaßen, auf eine weit von ihrem Platz entfernte riesengroße

viereckige Felswand zu. Nachdem sie eine kurze Strecke gelaufen waren und die Felswand immer kleiner wurde, standen sie plötzlich - dieser Teil wird verschieden beschrieben - vor z. B. einem großen Büroschrank mit vielen Fächern, vor einer großen Wand oder vor einer Holztruhe. Dieser geschilderte Büroschrank, die Wand oder die Truhe hatten an den Vorderfronten Fächer mit den Buchstaben von A bis Z.
Nachdem sie diesen Punkt erreicht hatten, sprach gedanklich die Wesenheit zu ihnen:
"Öffne das Fach, dessen Buchstabe dich bewirkt und siehe Vergangenheit und Zukunft all dessen, was mit diesem Buchstaben beginnt!"

Wenn zum Beispiel die Personen, wie sie uns schilderten, starke Problematiken in der Ehe hatten und das "E" sie dadurch bewirkte, befanden sie sich im gleichen Moment in Situationsabläufen, durch die ihre Ehe geprägt war. Die Erlebnisse, die sie schilderten, trugen immer wieder die Aussagen: "Vieles, was ich in der Vergangenheit erlebte, von dem ich glaubte, da ich das Schuldgefühl verdrängt hatte, es wäre alles in Ordnung, erweckte in mir das Gefühl einer tiefen Schuld.
Aber mit der Entstehung dieses Gefühls der Schuld entstand automatisch das Gedankenbild der Erklärung, warum ich nur so handeln konnte und nicht anders."

Alle Personen, die während ihrer Sitzungen auf diesem Weg ihre verdrängten Schuldgefühle bewusst erkannten und verarbeiteten, sagten nach Beendigung der Sitzungen, dass viele Situationen den Zustand bewirkten, den man als Alpträume bezeichnen kann. Die ganze Palette der Gefühle - Angst - Scham - Furcht - Ekel - wäre realistisch gelebt worden.
Aber immer, wenn sie dieses Gedankenbild durchgestanden und das Experiment nicht abgebrochen hätten, wäre im Anschluss alles umgewandelt gewesen in freudiges erregendes Leben.
Angst-, Scham-, Schuld- und Ekelgefühle waren nach der Sitzung, wenn sie darüber nachdachten, denn alles war im Bewusstsein geblieben, nicht mehr vorhanden.
Ohne diese Gefühle waren sie in der Lage, das als Gedankenbild Gesehene noch einmal *objektiv* zu überdenken.

Es gibt nicht eine unter den Personen, die nicht in der nachfolgenden Zeit nach den Sitzungen die durch ihre eigene Intoleranz heraufbeschworenen Ursachen durch ein Gespräch oder durch Tun aus der Welt geschaffen hat.

Alle sagten, dass sie, wie von ihrer Wesenheit getrieben, eine Kraft in sich fühlten, die sie befähigte, das, was sie als Unrecht erkannten, aus der Welt zu schaffen. Auch wenn es sehr schwer war, die Überwindung aufzubringen, Schuld einzugestehen, so war es ihnen doch unmöglich, es nicht zu tun, da eine unbeschreibliche Kraft sie trieb.

Eine Zeit festzulegen, die eine Person benötigt, um auf diesem Wege mit ihrer Wesenheit eins zu werden, ihre Vergangenheit ohne Schuldgefühle zu tolerieren, sie als Karma-bedingtes oder als Schicksal erzeugendes Leben zu erkennen und daraus zu lernen, ist unmöglich. Das kann 20 Sitzungen, das kann 50 Sitzungen dauern. Eine Richtlinie ist nicht festlegbar.

Hat eine Person ihre Vergangenheit speziell in diesem Erdenleben durch die Gedankenbilder reguliert, kommt der Moment, der zwar absolut faszinierend ist, der aber von der überwiegenden Zahl der Personen abgelehnt wurde.

Der Blick in die Zukunft.

Die Gründe, warum die meisten Personen den Blick in die Zukunft nach der 1. oder 2. Sitzung abbrachen, sind einfach erklärt.

Da die Zukunft der Personen nicht allein durch ihre eigenen Ich-bezogenen Gedankenbilder entsteht, sondern ihr nahes und weiteres Umfeld in das Geschehen einbezogen ist, und sie feststellen mussten, dass auch negative Situationen so eintraten, wie sie in den Gedankenbildern aufgezeichnet waren, entstand ein Angstgefühl, das sie veranlasste, *ohne Zukunftsbilder absolut tolerant Karma-bedingt in der Gegenwart zu leben.*

Ein Weg, den ich in Experimenten gefunden habe, um gezielt als Seher zu wirken, bedarf wiederum einer Ausbildung, um die Technik zu erlernen.

Es gibt nichts Unerklärliches in unserem Sein. Nichts ist mysteriös. Es ist alles ein physikalischer Ablauf nach dem kosmischen Gesetz der Ordnung, das als das Gesetz der Resonanz wirkt.

Wenn Sie eine längere Zeit die Technik der Hypnogenen Gedanken-Bilder angewendet haben und in der Lage sind, zu jeder Zeit in Ihre Kristall-Pyramide in der Lebensmulde zu gehen, werden sich alle Grenzen auflösen.

Viele von uns, die die Technik der Hypnogenen Gedanken-Bilder in ihr normales Leben so integriert haben, dass sie zu jedem Zeitpunkt und in jeder Situation in ihre Lebensmulde gehen können, schilderten, dass sie auf diesem Weg Kontakt mit ihrem Schöpfer so weitgehend aufgenommen haben, dass sie zu jeder Zeit in Kontakt mit Ihm stehen. Immer dann, wenn sie Entscheidungen treffen müssen, bei denen sie sich nicht hundertprozentig klar sind, wie sie sich entscheiden sollen, sprechen sie direkt gedanklich mit ihrem Schöpfer und erhalten durch ein Kopfnicken oder -schütteln, einhergehend mit einem Lächeln oder einem ernsten Gesicht, eine Bejahung oder Verneinung ihrer Frage.

Alle Entscheidungen, die sie gemeinsam mit ihrem Schöpfer getroffen haben, waren absolut erfolgsgeprägt und haben nachhaltig ihr Leben positiv beeinflusst.

Zu welchem Zeitpunkt Sie Kontakt mit Ihrem Schöpfer erhalten, weiß ich nicht. Aber eins weiß ich genau:

Unsere Schöpfer existieren und sind zu jeder Zeit gedanklich mit uns verbunden.

Dass wir erst auf diesem Wege wieder Kontakt mit unserem Schöpfer erhalten, liegt allein daran, dass wir Menschen zu einem materialistischen Ich-bezogenen Denken erzogen wurden und uns bis heute noch keiner gesagt hat, dass unsere Schöpfer existieren. Existieren als Wesenheiten, gleich wie wir als Wesenheiten in der Verkörperung als physischer Mensch in diesem Universum leben.

Sie selbst müssen entscheiden, inwieweit Ihnen das Geschilderte logisch erscheint und Sie es in Ihr zukünftiges Leben einbauen wollen.

Als Abschluss kann ich Ihnen eines sagen:

**Leben Sie dieses Erdenleben
gemeinsam mit Ihrer Wesenheit,
die Ihr Inneres Ich ist, und mit
Ihrem Schöpfer,
so ist der Erfolg in allen Bereichen
Ihres Seins vorprogrammiert.**

XXI.

SINN und ZWECK
des physischen Erdenlebens

Der Sinn und Zweck des Erdenlebens ist,
- dass jedes Individuum der Rasse Mensch im Laufe seiner geistigen Evolution erkennt, dass er allein verantwortlich ist für die Erschaffung der Seinsformen, die nicht zu den natürlichen von Gott geschaffenen Wesenheiten gleich Formen zählen, und dass er mit der Kraft seiner Gedanken in der Lage ist, Ordnung oder Chaos im Rahmen der natürlichen physikalischen Naturgesetze nicht nur für sich zum Nachteil, sondern auch zum Nachteil der Ordnung unseres Universums zu verursachen.

Ihm soll bewusst werden,
- dass seine Seele als Geistige Seele, die Wesenheit, integriert in die Natürliche Seele, unzerstörbar, ewig existierend, also nur einmal und das immer und ewig lebt, und dass die Probleme, die er, als Wesenheit integriert in die Elemente der Erde, hat, ein zeitbedingtes Geschehen sind, das, gemessen an der Ewigkeit, nur einen Moment der Ewigkeit darstellt.

Der Mensch soll erkennen,
- dass die Veränderung der Neutralen Neutrinos, aus denen die natürliche Seele besteht, durch ihn bewirkt wird. Alle aus der Materie geschaffenen Formen benötigen, gitternetzartig aufgebaut, Neutrale Neutrinos zur Gestaltung und Erhaltung ihrer materiellen Form. Der Mensch bewirkt also mit der Kraft seiner Gedanken, dass die Ordnung gleich Neutralität "energiemäßig" so verändert wird, dass die Neutralen Neutrinos, einmal Schwingung in sich tragend, fast gleich werden den Quarks, den Teilchen, aus denen die Elemente bestehen.

Erkennen muss er vor allem auch,
- dass er aufgrund seines materialistischen Denkens, das materielle Formen schafft sowie nicht gegenwartsbezogene Abläufe verursacht, die Neutrinos innerhalb des würfelförmigen Kraftfeldes, dessen Mittelpunkt unsere Erde ist, energiemäßig - dabei brauchen wir die Umweltverschmutzung nicht zu betonen, denn alles ist Umweltverschmutzung - in ein so hohes Energieniveau bringt, dass eines Tages der Lebensraum, in dem der physische Mensch existiert, zerstört wird.

Inwieweit allein die Erde als rotierende Einheit schon Schäden aufweist, erkennen wir an den vergangenen,
an den derzeitigen und an den - wie wissenschaftlich nachgewiesen - zukünftig zu erwartenden Umweltkatastrophen.
Kommt es, wie schon mehrmals im Laufe der fünf Evolutionsstrecken, die die Menschheit bisher durchwandert hat, wieder aufgrund der Katastrophen zu einer Polarveränderung der Erde, dann werden diesmal, bedingt durch die hohe Energiedichte innerhalb unserer Atmosphäre und Stratosphäre, nicht nur die physischen Körper der Menschen zerstört, sondern auch die natürlichen Seelen in ihre N.-Neutrinos auseinandergerissen.
Da bei einer polaren Veränderung der Erde unvorstellbar hohe Energiemassen freiwerden, entstehen so starke Turbulenzen im Bereich unseres Kubus der Erde, in dem der Planet Erde Mittelpunkt ist, dass die nunmehr in Einzelteilen existierenden natürlichen Seelen der Menschen aufgrund des gesetzmäßigen Bewegungsablaufs im Kubus unserer Erde mit in die Erde eingestrahlt werden und die Menschheit für eine nicht berechenbare Zeit ausgelöscht wird.

Alle Religionen der ganzen Welt beschreiben diesen Vorgang mit "Hölle" und "Fegefeuer". Dies entspricht, wenn auch nur symbolisch begrifflich erklärt, absolut diesem Ablauf, denn in dem Moment, wo die N.-Neutrinos der natürlichen Seele auseinandergerissen werden, *beinhaltet jedes Teilchen wie ein Hologramm das Ganze.*
Das heißt, *jedes N.-Neutrino ist für sich im Besitz des gesamten Bewusstseins seines Seins sowie des gesamten Seins und weiß, in welcher Form es existiert.*

Was ein bewusstes Wesen, das nunmehr unzählige Milliarden Male existiert, bewußtseinsmäßig erduldet, kann man wirklich mit den Begriffen "Hölle und Fegefeuer" umschreiben.

Unzählige Male in der Geschichte der Evolution hat unser Ur-Schöpfer uns durch seine mit ihm lebenden Wesenheiten gewarnt und so weitgehend geholfen, dass die Katastrophe nicht zur endgültigen wurde, sondern Restgruppen von physischen Menschen die Katastrophen physisch, also körperlich überlebten, wenn sich die bis dahin entwickelte Zivilisation selbst zerstört hat.
Fünfmal hat die Evolution der Menschheit neu begonnen.
(Im Buch der "Vermächtnis von Atlantis" haben wir dies etwas ausführlicher geschildert.)

Dass wir wieder einem selbst verschuldeten chaotischen Untergang entgegengehen, ist, wenn wir uns die heutige Gesellschaft und die Umwelt ansehen, kaum noch wegzuleugnen.
Dafür eine Beweisführung niederzuschreiben und wissenschaftliche Erkenntnisse vorzulegen, ist unserer Meinung nach nicht nötig. Da die Menschen von dem hier Niedergeschriebenen in seiner ganzen Tragweite keine Kenntnis besitzen, ist es selbst-verständlich, dass wir bewusst, wenn wir nicht selbst in irgend einer Situation betroffen sind, diese Gedankengänge verdrängen, Bedingt durch den Aufbau unserer Gesellschaftsform, in der wir leben, ist es ein normaler Vorgang, dass die Masse der Menschen Ich-bezogen denkt und ihr Gedankengut auf ihr leibliches, körperliches, physisches Wohlbefinden ausrichtet. Also ein Resonanz-bedingter Ablauf, der zu irgend einem Zeitpunkt zur negativen Ich-bezogenen materiellen Seite umkippte und seitdem von Inkarnation zu Inkarnation - bis auf Ausnahmefälle - immer neue stärkere, letztendlich negative, materialistisch bezogene Abläufe verursacht.
Dies betrifft nicht nur individuell die Wesenheit, sondern auch die Karma-Familie und speziell das Volk, in dem die karmischen Gruppen existieren.
Wenn z.B. in Deutschland die Frage gestellt wird, wo plötzlich der nationalsozialistische Rechtsradikalismus herkommt und immer mehr junge Menschen diese Richtung einschlagen, so gibt es dafür eine einfache Antwort. Auch wenn viele sagen werden, dass die Behauptung, die im Folgenden steht, ein Phantasieprodukt bzw. eine

unbewiesene Behauptung ist - wir wissen es besser, da die angeführten Beispiele aus der Geschichte, die in den uns übergebenen Unterlagen niedergeschrieben stehen, die folgende Aussage beinhalten -, sie ist Realität.

In den uns überlassenen Unterlagen ist in Bezug auf diesen Ablauf die Geschichte analysiert worden.

Bei dieser Analyse hat man festgestellt, dass der Aufstieg und der Fall einer Volksgruppe nur karmisch, also resonanz-bedingt sein kann, da sich der Ablauf der eingeschlagenen Richtung der Gesellschaftsform von Generation zu Generation potenzierte, also eine Steigerung erhalten hat, bei der der vorhergehende Ablauf immer die tragende Grundlage für die kommende Generation darstellte.

Das bedeutet, dass das Denken einer Volksgruppe, die Ich-bezogen materialistisch denkt, von Generation zu Generation stärker zunimmt. Materialistisches Denken führt zur wachsenden Brutalisierung im Denken und Handeln. Das physische ICH steht durch die nicht gegenwartsbezogenen Gedankenabläufe bei einer neuen Inkarnation im Vordergrund.

Auf diesem Wege entstanden die Wurzeln des Hasses, der zum Zynismus gegenüber den Anderen führt und zu der Quelle wird, die den Verfall der Kultur der betroffenen Volksgruppe vorprogrammiert.

Jeder, der die Geschichte kennt, weiß, dass dies stimmt.

Erst wenn uns Menschen klar wird, dass ALLE nicht gegenwartsbezogenen Gedanken
- die sich als Gedankenbild frequenz- und amplitudenmäßig verändernd in einem N.-Neutrino manifestieren, das aus der Hypophyse über den Energieausgang gleich Energiefeld der Stirn-Chakra, das "3. Auge", abgestrahlt wird, sich in realer Größe aufbauend, in das würfelförmige Kraftfeld des "Jenseits" eingestrahlt
-

im Jenseits gespeichert existieren und wir diese Gedankenbilder nach dem Gesetz der Resonanz, eingebunden in ein Leben, realisieren und materialisieren MÜSSEN, ist die Menschheit reif und erkennt den Sinn und Zweck ihres Erdenlebens.

Der Ablauf ist nichts Geheimnisvolles.

Es ist ein physikalisches Geschehen.

Es ist auch verkehrt, wenn wir bei diesem physikalischen Gesetz der Resonanz von "Schuld" und "Sühne" sprechen.

Es ist keine Schuld, was wir unter "Schuld" verstehen und als solche interpretieren, die wir in unserem nächsten Leben als Strafe sühnen müssen, sondern es ist lediglich ein physikalischer Vorgang, bei dem eine Energieeinheit, die durch die Gedanken gleich Gedankenform entstanden ist, in die Materie integriert wird, damit sie als Eigenexistenz gleich Wesenheit gleich Lebenssituation verlebt und neutralisiert werden kann.

Im weiteren Sinne ist es, wie schon gesagt, unserem Ur-Schöpfer gegenüber eine Schuld, die wir auf uns laden.

Denn unser Ur-Schöpfer, der in dieses Universum gekommen ist, um es zu beseelen, hat erst dann seine Aufgabe erfüllt, wenn der Geist aller Wesenheiten, integriert in die natürliche Seele, bewusst gegenwärtig, ohne neue Formen zu schaffen, gemeinsam mit ihm und allen anderen Wesenheiten in der Liebe lebt und die gesamte Materie beseelt ist.

Das heißt, *wenn ENERGIE (Ur-Energie-Teilchen) und MATERIE (Ur-Plasma-Teilchen) zu einer EINHEIT verschmolzen sind.*

Unsere *Schuld* ist, dass wir durch die Schaffung immer neuer Gedankenformen, die realisiert werden müssen, ihn daran hindern, dieses Ziel zu erreichen.

Das mystische Wort "Karma" ist also nichts anderes als die Erfüllung von physikalischen Gesetzen des Kosmos. Ein logisch nachvollziehbarer Ablauf.

Wenn wir Menschen, bleiben wir bei dem mystischen Wort Karma, nur Karma-bedingt leben würden, könnten wir in ganz kurzer Zeit den Teufelskreis der Inkarnationen, also der ewigen Wiedergeburt in den physischen Körper, unterbrechen, gemeinsam mit unserem Ur-Schöpfer leben und geistige Kontakte zu den Wesenheiten pflegen, die in den unzähligen Universen in der Unendlichkeit des Raumes existieren.

Karma-bedingt leben heißt nichts anderes, als *"gegenwartsbezogen denken" und "ohne Wertung" tun.*

206

Das heißt, *"ohne Wertung anderen gegenüber" in jeder Beziehung TOLERANT leben.*

Nächstenliebe ist nichts anderes als Toleranz, denn jeder Mensch hat nach dem Stand seiner geistigen Evolution *"seine eigene Wahrheit".*

Wir sind nicht berechtigt, diese Wahrheit voreingenommen zu werten, weil wir glauben, wir wüssten es besser.

Akzeptieren wir die Wahrheit, die Aussage des anderen ohne die geringste Wertung, sagen wir unsere Meinung, die gleich unsere Wahrheit ist, ohne Überheblichkeit, ohne Anspruch auf Wertung und ohne dass sie gewertet wird, so entsteht aus der These und der Synthese beider Wahrheiten etwas Neues.

Als Quintessenz eine *neue* Wahrheit, ohne dass negative Gedankenformen geschaffen werden.

Alles, was ein Mensch denkt und tut, gegenwartsbezogen, ist also ein Ablauf nach dem Gesetz der Resonanz. Ein Geschehen, das wir akzeptieren müssen, aber nach dieser Erkenntnis auch können, ohne dass wir uns für das Vergangene eine Schuld zuweisen.

Wenn ein Mensch stirbt, so geht, wie bereits erklärt, nicht seine natürliche materielle Seele, das Stützgerüst des physischen Systems, aus dem Körper des Menschen, sondern nur die geistige Seele.

Diese geistige Seele, also die Energie gleich Gedankenkraft, sagen wir, der Geist, manifestiert sich beim Austritt aus dem Körper sofort wieder in eine natürliche Seele, fortlaufend sich neu aufbauend aus neutralen Neutrinos, und wird, eingestrahlt in die Hauptdiagonale des Kubus der Erde, in das Jenseits transportiert. Angekommen im Jenseits, entnimmt sie den formenden Geist aus dem Mutterteil der Gedankenformen der real existierenden von ihr selbst geschaffenen Gedankenformen.

Diesen Geist der Gedankenformen integriert sie für ein neues resonanz-bedingtes Leben auf Erden in die N.-Neutrinos ihrer natürlichen materiellen Seele, eingebunden in den karmischen Ablauf ihrer Karma-Familie.

Gefüllt mit einem neuen Lebensablauf, wartet die geistige natürliche materielle Seele als Wesenheit auf den Moment, wo ein Spermatozoon (Samen des Mannes) die Oozyte (reifes Ei der Frau) befruchtet, um als Wesenheit neu auf der Erde zu inkarnieren.

In dem Moment, wo, wie schon erklärt, die Modula, also die 32 unspezifischen Zellen, im Uterus (Gebärmutter der Frau) andockt und an die Kreisläufe der Mutter angeschlossen wird, nimmt die Wesenheit diese Einheit von unspezifischen Zellen auf. Integriert in der natürlichen materiellen Seele, gesteuert von den Frequenzen und Amplituden ihrer Teilchen, entstehen die spezifischen Zellen der Organe und Regelkreise.
Mit den Energieeinheiten und den Molekularstrukturen, die die physische Mutter zur Verfügung stellt, entsteht nach Plan, der in den Genen dieser ersten unspezifischen Zelleinheiten vorhanden ist, der physische Körper des neuen Erdenmenschen.

In dem Moment, wo die 32 bis dahin unspezifischen Zellen, die alle gleich aufgebaut sind, an die Kreisläufe der Mutter angeschlossen wurden, FORMT oder auch VER-FORMT sie gemeinsam mit ihrer Seele den physischen Körper des Kindes.
Der körperliche, psychische und seelische Zustand der Mutter ist somit verantwortlich für den ordnungsgemäßen Aufbau der Regelkreise des physischen Körpers, der als Kind im Leib der Mütter neu entsteht.
Sogenannte Erbschäden können einmal in den Genen der Helix der Mutter oder in den Genen der Helix des Vaters vorhanden sein, aber sie werden auch durch Störungen in den Regelkreisen der Mutter, da diese als Informationsgeber Duplikation in den neuen Zeltverbänden bewirken, verursacht.
Verdeutlichen wir uns diese Aussage an einem Beispiel.
Eine Mutter, die ein Magengeschwür besitzt, übermittelt nun nicht informativ dem Kind bei der Bildung des Magens das Magengeschwür, so dass das Kind auch ein Magengeschwür erhält, sondern das, was bei der Formung des Magens des Kindes entsteht, ist die Übermittlung einer Disposition zu einem Magengeschwür. Der Magen des Kindes ist somit störanfälliger für Magengeschwüre, da die Information - Magengeschwür - in der Struktur der Molekularverbindungen der Zellen dieses Bereiches informativ existiert.
Auf diesem Wege beeinflusst also die Mutter den physischen Körper des Kindes.

Das Gleiche gilt für die Füllung des Gedankenspeichers der Wesenheit des Kindes während der Zeit, in der die physische Mutter das Kind trägt.

Alle nicht gegenwartsbezogenen Gedankenbilder, die die Mutter während des Aufbaus denkt, werden nicht nur im Gedankenspeicher der natürlichen Seele der Mutter gespeichert, sondern auch im Gedankenspeicher der natürlichen Seele des werdenden physischen Menschen, da dieser auch mit seiner eigenen geistigen natürlich materiellen Seele mit der geistigen natürlich materiellen Seele der Mutter verbunden ist.

Dieser Vorgang bewirkt in starkem Maße in Verbindung mit den Erlebnissen in den Kindheitsjahren bis zur Pubertät die Entwicklung der sogenannten Charaktereigenschaften dieser Wesenheit.

Wenn der werdende Mensch nach 9 Monaten das Licht der Welt erblickt und von den Regelkreisen der Mutter abgenabelt wird, ist das nicht nur einer der wichtigsten Augenblicke für seinen physischen Körper und für seine natürliche sowie geistige und psychische Seele, weil er zum eigenständigen physischen Menschen geworden ist, sondern der wichtigste Grund ist folgender.

Wie in der Erklärung der Entstehung der Planeten und Elemente schon beschrieben, werden ununterbrochen neutrale Neutrinos aus der Sonne ausgestrahlt. Auf dem Weg zur Erde werden sie in die Frequenz und Amplitude der Atome und Moleküle eingeschwungen, die sie auf dem Weg zur Erde durchlaufen. Durchdringen sie auf dem Weg zur Erde Sterne und Planeten, so übernehmen sie die Frequenz und Amplitude der Elemente dieser Himmelskörper.

Bevor ein Kind von der Mutter abgenabelt wird, befand es sich, angeschlossen an die Regelkreise der Mutter, auch in der ihr eigenen Schwingungsfrequenz, in die die Mutter am Tage ihrer Geburt eingeschwungen wurde bzw. in der sie gerade schwingt. Im Moment der Abnabelung wird das Kind von den neutralen Neutrinos getroffen, die die Frequenzen der Sternenkonstellation in sich tragen, die an dem Tag und in dem Moment vorherrschen.

Die Sternenkonstellation, unter der es geboren wird, bewirkt somit im "BG-System" des Kindes durch die Einstrahlung der neutralen Neutrinos und, der Ur-Energie-Teilchen zum Zeitpunkt der Geburt eine Gesamt-Schwingungsfrequenz bei diesem Kind, die Zeit seines Lebens auf Erden die Grundschwingung ist, die es besitzt.

Jegliche Veränderung bewirkt durch die Einstrahlung neuer Neutraler Neutrinos bei der Veränderung der Sternenkonstellation eine Veränderung des sogenannten Bio-Rhythmus sowie eine Veränderung der Bio-Energie im "Biologischen Grundsystem".

Schwingungsfrequenzen sind im Nanometerbereich messbar. Die Schwingungsfrequenzen aller Sternbilder und somit aller Neutralen Neutrinos, die in ein biologisches System einstrahlen, liegen in Nanometerbereichen, die gleich denen der 3 Primär- und 3 Sekundärfarben des Farbspektrums sind.

Wird zum Beispiel ein Kind im Sternbild Krebs (22.6. - 22.7.) geboren, dann liegt seine Gesamt-Schwingungsfrequenz, jeweils quartalsmäßig berechnet, zwischen 530 nm und 560 nm im Farbbereich der Frequenz GRÜN.

Durch das Wechseln der Sternbilder im monatlichen Rhythmus ist zum Beispiel die Person, die unter dem Sternbild Krebs geboren wurde, im nächsten Quartal vom 23.7. - 23.8. einer Schwingungsfrequenz von 600-650 nm ausgesetzt. Das heißt, ihr Bio-Rhythmus, ihr körperliches Gesamtbefinden, schwingt einmal nicht mehr in der ursächlichen Schwingung, sondern in einer höheren Schwingungsfrequenz, die sich auf ihr Wohlbefinden positiv oder negativ auswirkt.

Inwieweit positiv oder negativ, ist wieder an verschiedene Kriterien gebunden, auf die wir hier nicht näher eingehen wollen.

Die Erkenntnisse der Astrologie sind also nicht in den Bereich der Scharlatanerie abzuwerten, sondern besitzen in Verbindung mit dem Bio-Rhythmus, wissenschaftlich betrieben, eine absolute Existenzberechtigung.

Z. B. im Bereich der Medizin sowie im Bereich aller Lebenssituationen, auf die der Mensch sich, wenn er Kenntnis von diesen grundsätzlichen Erkenntnissen hat, regulierend einstellen kann.

Dass diese Grundfrequenz bei einem Menschen absolut bestimmend ist für die grundsätzlichen Charaktereigenschaften, insbesondere in Verbindung mit der Erziehung, müsste jedem logisch denkenden Menschen einleuchten.

Da sich, wie schon gesagt, die Neutralen Neutrinos immer in die Frequenz und Amplitude der Atome und Moleküle einschwingen, die sie durchlaufen, kann sich jeder vorstellen, welchen Einfluss die Umweltverschmutzung in unserer Atmosphäre sowie der existierende "Elektro-Smog" auf die biologischen Systeme besitzen. Viele der heutigen Zivilisationskrankheiten, die man als unspezifische Krankheitsbilder bezeichnet, entstehen durch das veränderte Medium im "BG-System", in dem und aus dem der physische Körper existiert.

Wenn wir zwischendurch kurz das bis hierhin Gesagte einmal zusammenfassen, dann heißt das, bis auf die geistige Seele, die durch die Gedankenkraft unseres Schöpfers als Gedankenbild erschaffen wurde und die in der natürlichen Seele integriert ist, sind wir physischen Menschen einschließlich der Psyche, also unserer eigenen Kraft, durch die wir Gedankenformen erschaffen, physikalischen Naturgesetzen unterworfen und werden von diesen absolut prägend beeinflusst.

Sinn und Zweck allen "SEINS"

Wie viel Kummer und Leid braucht der Mensch?
Wie oft stellen wir uns die Frage:

-     Wann hört das endlich auf?
-     Wie oft muss ich das noch durchmachen?
-     Was muss denn noch alles passieren?
-     Womit habe ich das nur verdient?
-     Wieso passiert immer mir so etwas?

Und wer versucht nicht für alle Probleme einen Schuldigen zu finden? Der Partner, die Nachbarn, der Arbeitgeber, der Kunde, die Politiker oder einfach das System. Und wenn nichts von dem zutreffen kann, dann wird Gott angeklagt: „Warum lässt der "Allmächtige" so etwas zu?"
Selbst bei banalen Dingen finden wir nicht die Schuld bei uns selber. Wenn wir stolpern ist die Stufe schuld, wenn etwas runterfällt die polierte Oberfläche oder die Schwerkraft, und wenn die Natur verrücktspielt waren es die "Anderen".

Wir haben festgestellt, dass unsere Gedanken uns und unser Leben formen. Und da haben wir die Antwort.

       Schuld – wenn es sie überhaupt gibt –
       haben wir immer selber!

Über das "Kosmische Geistfeld" sind wir sogar verantwortlich für alle Katastrophen, ob natürliche oder menschliche Ursache.

Verantwortung heißt:
Für die Vergangenheit eine Antwort finden.

Der Zweck unseres Seins ist die Vergeistigung ALLER Gedankenformen/-bilder. Alles, was je gedacht und nicht gelebt wurde, muss gelöscht werden.
Dies geht, indem man die Situationen lebt und alles in Liebe annimmt.
Was uns wiederfährt, müssen wir noch einmal -wieder- erfahren, da wir es beim ersten (zweiten, dritten, vierten ...) Mal nicht erkannt haben.
Wir haben die Schuld (bleiben wir erst mal bei diesem Passus) von uns gewiesen, andere belächelt oder lächerlich gemacht, uns umgedreht, extrem oder albern reagiert.
Die Ursache hat durch uns wieder eine Wirkung erfahren, sie ist zu einer neuen Ursache geworden, die auch bei anderen wieder eine Wirkung hervorruft.
<u>Dieser Kreislauf muss durchbrochen werden.</u>
Erst wenn uns eine Ursache nicht mehr berührt, schaffen wir für Andere keine neue Ursache. Die Ursache wird gelöscht.

Somit ist klar, dass der Sinn darin liegt, in Liebe zu leben.
Erst wenn wir lernen, Situationen die uns treffen, als gegeben anzunehmen – denn es sind IMMER von uns selber erdachte, karmische Ereignisse – können wir uns helfen und den Kreis der Evolution (Inkarnation) durchbrechen.

Also:

Leben wir in Einklang mit unserer Wesenheit,
die unseren Lebensplan geschrieben hat, werden wir alle
"Kosmischen und Irdischen Aufgaben" meistern und lösen.

XXII.

THEORIE oder REALITÄT
Zerstören wir selbst unser Sein ?

Stellen wir uns vor, dass die Erde der Mittelpunkt eines Würfels ist. Der Inhalt des Würfels ist kubisch in 6 Pyramiden aufgeteilt.
Wir wollen gar nicht das Sonnensystem oder das Universum als Ganzes mit einbeziehen in diesen Denkablauf.
Dann wäre verständlich, warum der Mittelpunkt dieses Kubus-Gebildes, also unsere Erde, langsam aber sicher den "Bach runter geht".
Stellen wir uns einmal vor, wie viel unnütz, sinnlose Gedankenabläufe ein Mensch in unserer heutigen Zivilisationsgesellschaft als chaotischen Druck = Gedankenform = Myon-Neutrino`s erzeugt und in unserem Erd-Kubus bewirkt.
Stellen wir uns weiterhin vor, welche unvorstellbaren Mengen neuer Formen wir auf dieser Erde geschaffen haben, die ununterbrochen ihre Myon-Neutrino`s in die Pyramiden unseres Erd-Kubus abstrahlen.
Stellen wir uns außerdem vor, welche unvorstellbaren Geräusche = Druckmengen an Myon-Neutrino`s wir Zivilisationsmenschen produzieren, die wiederum in die Pyramiden des Erd-Kubus eingestrahlt werden.

Wenn uns die Menge des chaotischen Druckes, die wir insgesamt produzieren, gedanklich klar wird und wir uns vorstellen, dass sie in unserem Kubus, im Kubus der Erde, einen Überdruck erzeugt, der immer wieder als Resonanz, da 2 Pyramiden miteinander wirken und sich bewirken, in unsere Atmosphäre und in unsere Erde eingestrahlt wird, dann haben wir eine absolute Erklärung für unsere Weltkatastrophen der letzten Zeit.
Sei es die Veränderung der Dichte der Ozonschicht, das Loch oder die Löcher in der Ozonschicht, das daraus resultierende hohe Aufkommen an UV-Strahlen der Sonne, die beim Menschen aufgrund ihres hohen Druckes Hautkrebs sowie andere Krankheiten auslösen und verursachen, bis hin zu Mutationen in den Bereichen der Pflanzen- und Tierwelt.

Oder nehmen wir das Sterben unserer Bäume, bei dem man jetzt nachgewiesen hat > wieder einmal etwas anderes < , dass nicht der saure Regen oder die Oxyde als Molekularabstrahlung der Kraftfahrzeuge Schuld haben, sondern der gesunkene Grundwasserspiegel, der dazu führt, dass die Wurzeln der Bäume nicht mehr genügend Nahrung erhalten, was im Grunde genommen noch schlimmer ist.

Oder wenden wir uns einem Bereich zu, der von den meisten Menschen schon gar nicht mehr als bedrohlich empfunden wird, den unvorstellbaren Wetterveränderungen. Auf der einen Seite Dürre, einhergehend mit der Vernichtung von unvorstellbaren Mengen der sauerstoffspendenden Waldbestände durch Brände.
Auf der anderen Seite die katastrophalen Überschwemmungen durch sintflutartige Wolkenbrüche, einhergehend mit hühnereigroßen Hagelkörnern.

Vergessen wir nicht in der Aufzählung die von allen Regierungen verharmlosten Katastrophen, die anormal hohe Zahl von Erdbeben auf allen Kontinenten, die man dem normalen Driften der Erdplatten zuschreibt!

Als letztes sei vielleicht noch etwas erwähnt, über das man gern den Mantel des Schweigens hüllt.
Die immer stärker zunehmenden Entdeckungen von tödlichen Molekularstrukturen, die man als "Viren" bezeichnet.
Es ist gleich, nehmen wir zum Beispiel den AIDS-Virus, ob dieser Virus als Ausgangspunkt ein Labor gehabt hat oder ob er als eine Molekularverbindung in der Natur entstanden ist.

All diese Katastrophen könnten doch gut in dieses Denkschema passen, oder??

Wichtig ist, wenn Sie das gelesen haben, dass Sie nicht in eine Panik verfallen.

Wir behaupten zwar, dass unsere Erkenntnisse bzw. Hypothese, es ist gleich, wie Sie die Sache bezeichnen, genauso stimmen, wie wir sie

niederschreiben, aber wir haben nicht die Absicht, als Panikmacher abgestempelt zu werden.
Es ist jedem Einzelnen überlassen, inwieweit er die von uns niedergeschriebenen Erkenntnisse akzeptiert und in sein normales Leben einbaut.

Unsere Wissenschaftler werden, wie wir sie kennen, schon, vorab theoretisch, einen Weg finden, so dass bei einer Polverschiebung, die automatisch zu einer Sintflut führt > und der Nordpol fängt schon an zu schmelzen <, zumindest diejenigen, die zur sogenannten Intelligenz zählen, den Kubus früh genug verlassen können.

Nach unserer Erkenntnis ist dieses Denken leider ein Fehldenken, eine Hoffnung, die sich nicht erfüllen wird.

Die Kriterien, die das Gesetz beinhaltet und die bestimmen, wer den Kubus bei einer Katastrophe verlassen wird oder nicht, sind andere, als wir Menschen sie uns mit unserem kleinen simplen Verstand denken können.

Schade ist es nur, wenn eine Katastrophe eintritt, um die teuer gebauten Atombunker, da das jetzt ja mit dem nuklearen Krieg so, wie es aussieht, auch nicht mehr klappt.
An dieser Stelle sei vielleicht nochmals darauf hingewiesen, dass die chaotischen Druckmengen der unzähligen Myon-Neutrino's mit ihren vielen Verbindungen, die bei den Atombombenversuchen freigesetzt werden, zu einer Verbesserung der Situation nicht beitragen.
Aber was soll's. Das, was hier geschrieben steht, ist ja nur eine Hypothese, oder?

Wichtig ist, dass es uns Menschen wirtschaftlich und gesellschaftlich gut geht.
Inwieweit Sie diese Erkenntnisse bzw. diese Hypothese mit Ihrem Verstand begreifen, das wissen wir nicht und ist uns, wenn wir ehrlich sein sollen, auch gleich.
Nochmals, wie schon am Anfang gesagt, wir wollen Ihnen keine neue Theorie verkaufen.

Wir schildern nur überprüfte und überprüfbare Erkenntnisse einer lebenden Person, die von unseren Schöpfern in die Gesetze eingeweiht wurde.

Mit diesem Buch wollen wir eine Erklärung liefern, die das Geheimnisvolle, das die Bauwerke der Pyramide umgibt, entschlüsselt. Entschlüsselt auf einer Denkgrundlage, die absolut neu ist, aber logisch.
Dass die Erkenntnisse, die wir gewonnen haben, in alle Bereiche unseres Seins hinein wirken, ist nur ein Nebeneffekt und soll es auch sein, in diesem Buch.
Dass die Pyramiden-Bauwerke nicht den Friedhof der Pharaonen oder sonstiger geistiger Führer darstellen, müsste Ihnen eigentlich schon jetzt klar sein.
Sie sind nichts weiter als Zeichen, die uns Kulturen, die evolutionsmäßig wesentlich weiter waren als wir heute, hinterlassen haben, um den Ablauf der Schöpfung so, wie sie ihn entdeckt hatten, für uns erkenntlich zu hinterlassen.
Dass die geometrische Form der Pyramide die Grundlage allen Seins ist, kann nur eine Behauptung sein, eine Hypothese, die wir Menschen, so glauben wir zumindest, nie beweisen können.
Das, was wir jedoch beweisen können, ist, dass in der geometrischen Form der Pyramide eine Energie wirkt, die Phänomene erzeugt, die bis heute von der Wissenschaft als unerklärlich eingestuft werden.
Mit den Experimenten, die wir als Beispiele anführen, beweisen wir nur, dass der Ablauf so sein kann, wie wir ihn schildern.
Wir tun es einfach und überlassen die Beurteilung, inwieweit es stimmen könnte, jedem Einzelnen.

Das, was wir ganz bestimmt erkannt haben, ist die Wahrheit des alten arabischen Sprichwortes,

"Wer das Geheimnis der Pyramide löst, erkennt die Seele des Menschen."

Anhang I : Periodensystem der ersten 20 Elemente
Anhang II : Entstehung unseres Universums

Die ersten 20 Elemente des Periodensystems

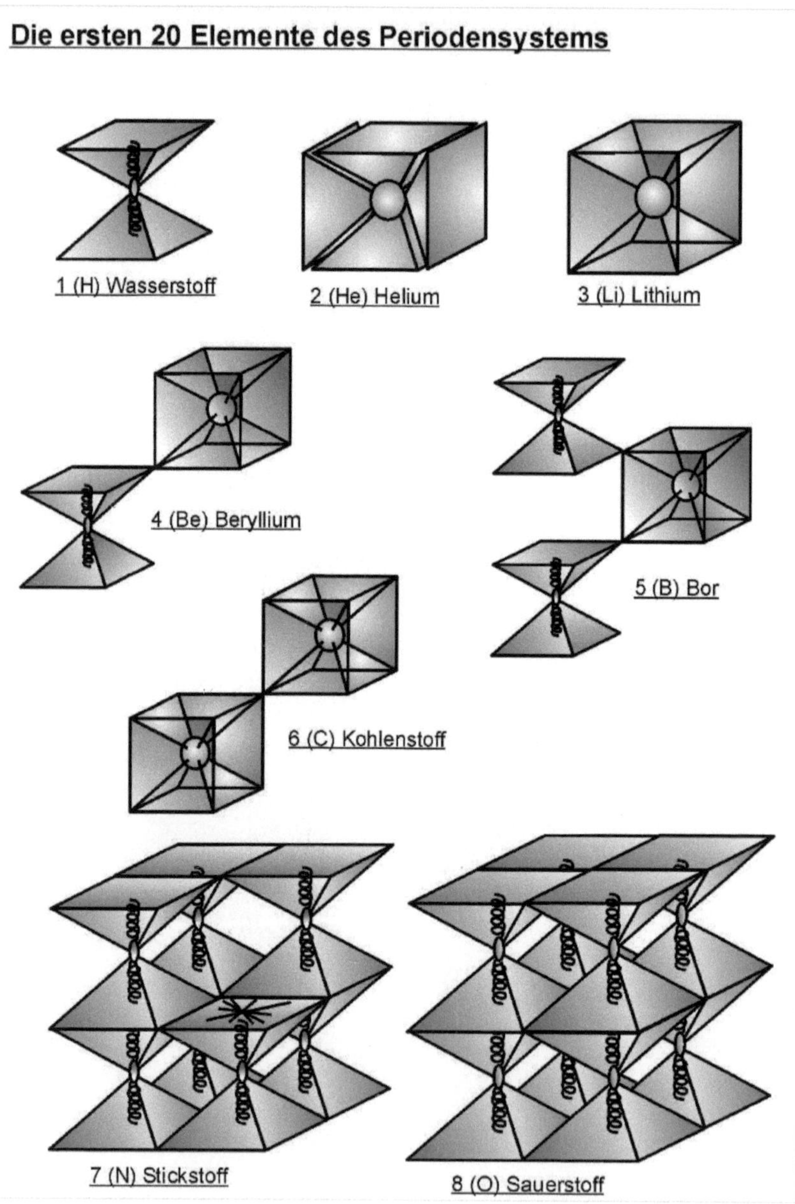

218

9 (F) Fluor
10 (Ne) Neon
11 (Na) Natrium
12 (Mg) Magnesium
13 (Al) Aluminium
14 (Si) Silicium

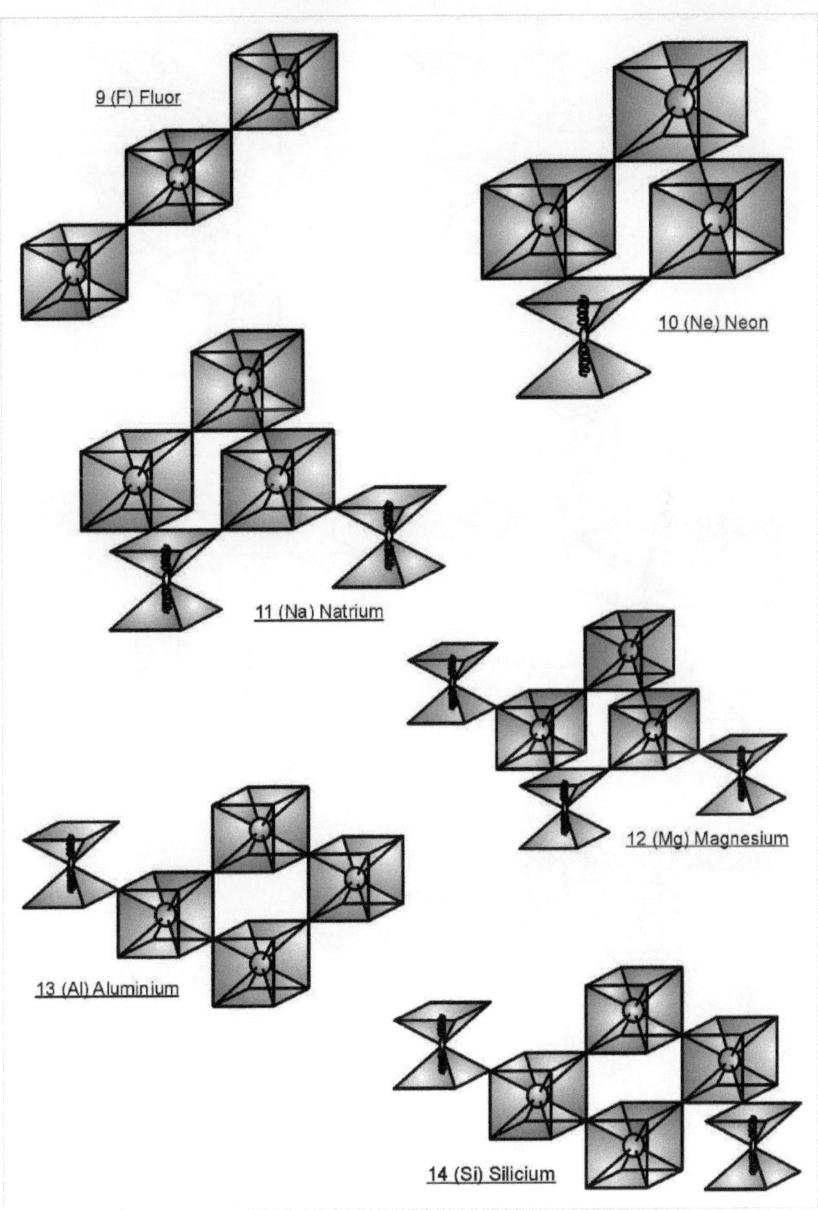

219

15 (P) Phosphor
16 (S) Schwefel
17 (Cl) Chlor
18 (Ar) Argon
19 (K) Kalium
20 (Ca) Calcium

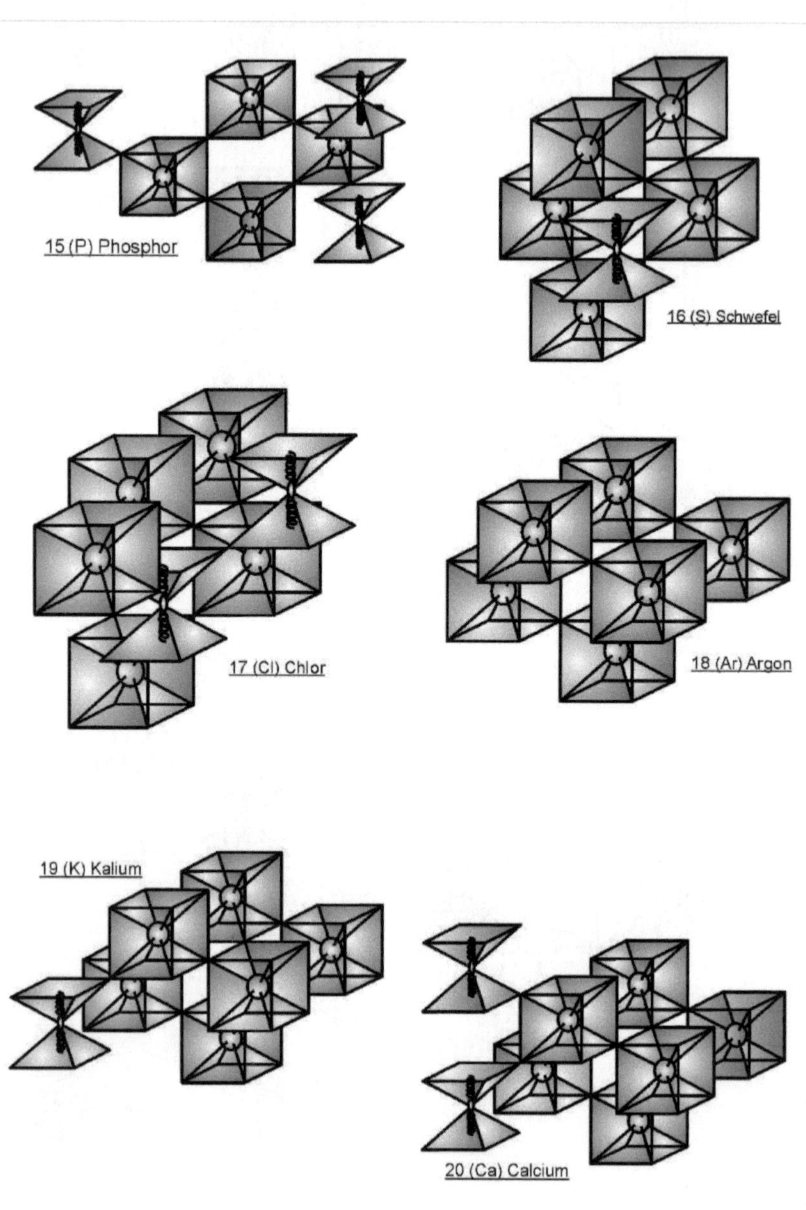

220

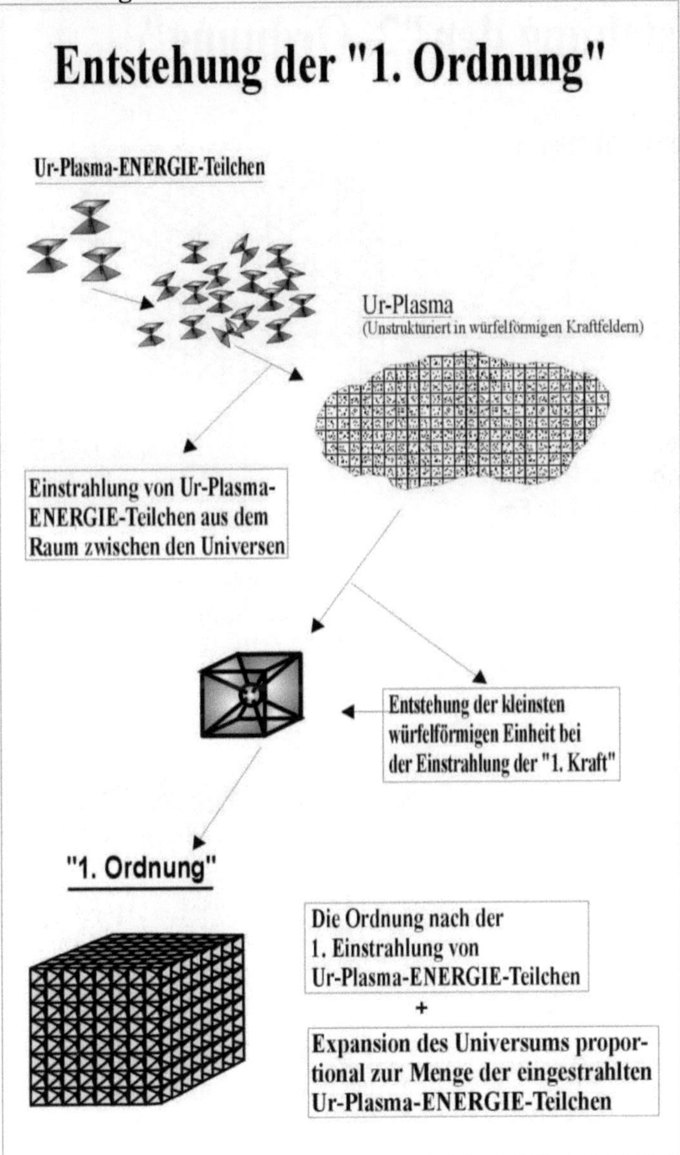
Entstehung der "1. Ordnung"
Ur-Plasma-ENERGIE-Teilchen
Ur-Plasma
(Unstrukturiert in würfelförmigen Kraftfeldern)
Einstrahlung von Ur-Plasma-
ENERGIE-Teilchen aus dem
Raum zwischen den Universen
Entstehung der kleinsten
würfelförmigen Einheit bei
der Einstrahlung der "1. Kraft"
"1. Ordnung"
Die Ordnung nach der
1. Einstrahlung von
Ur-Plasma-ENERGIE-Teilchen
+
Expansion des Universums propor-
tional zur Menge der eingestrahlten
Ur-Plasma-ENERGIE-Teilchen

Entstehung der "2. Ordnung"

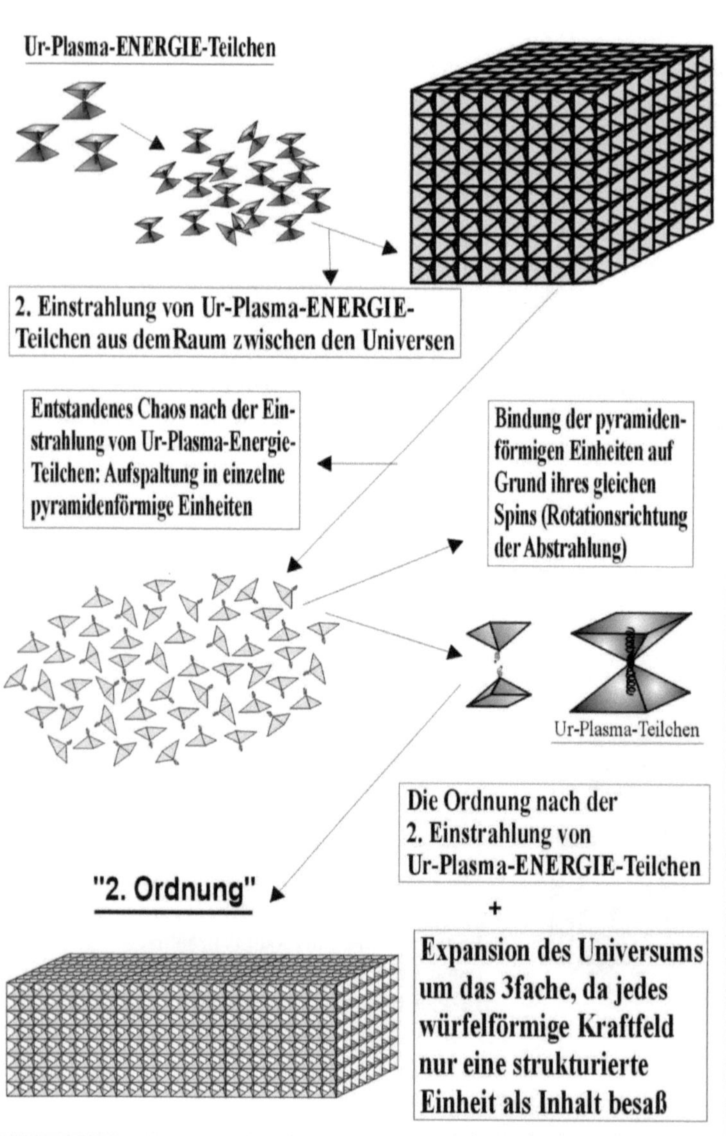

Entstehung der "3. Ordnung"

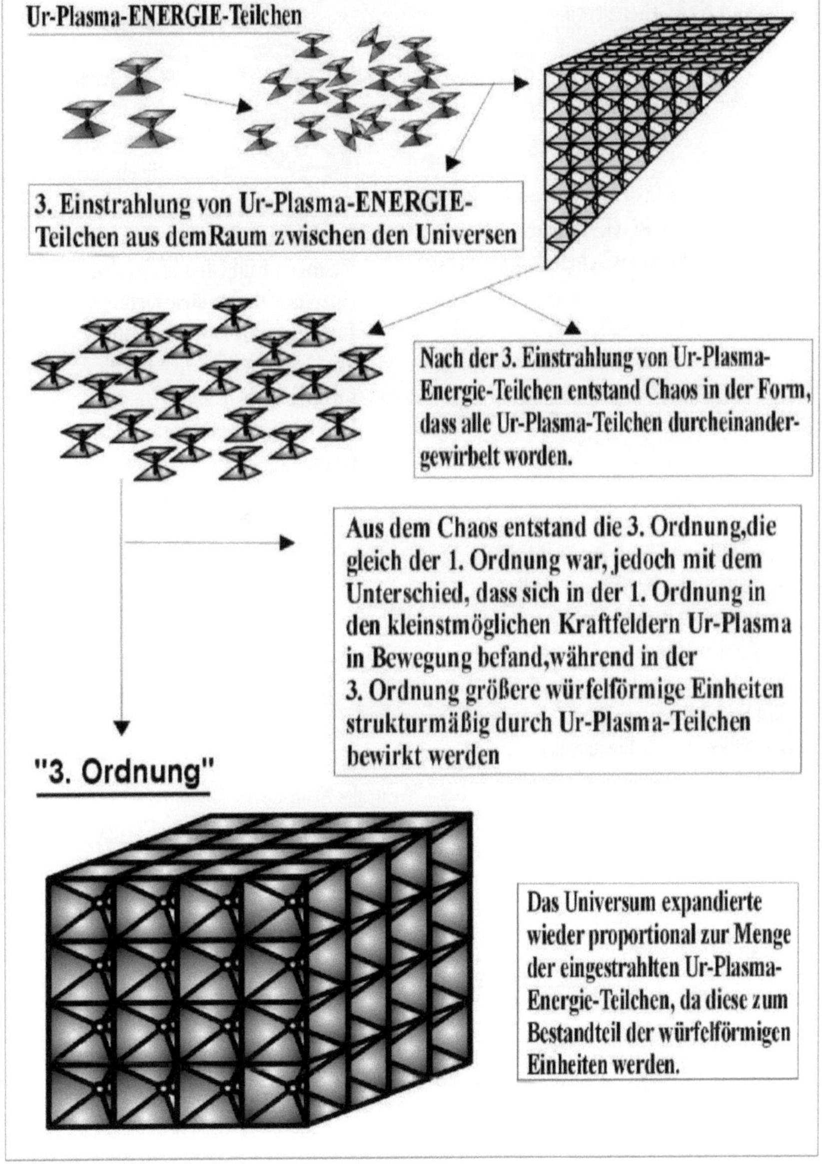

3. Einstrahlung von Ur-Plasma-ENERGIE-
Teilchen aus dem Raum zwischen den Universen

Nach der 3. Einstrahlung von Ur-Plasma-
Energie-Teilchen entstand Chaos in der Form,
dass alle Ur-Plasma-Teilchen durcheinander-
gewirbelt worden.

Aus dem Chaos entstand die 3. Ordnung, die
gleich der 1. Ordnung war, jedoch mit dem
Unterschied, dass sich in der 1. Ordnung in
den kleinstmöglichen Kraftfeldern Ur-Plasma
in Bewegung befand, während in der
3. Ordnung größere würfelförmige Einheiten
strukturmäßig durch Ur-Plasma-Teilchen
bewirkt werden

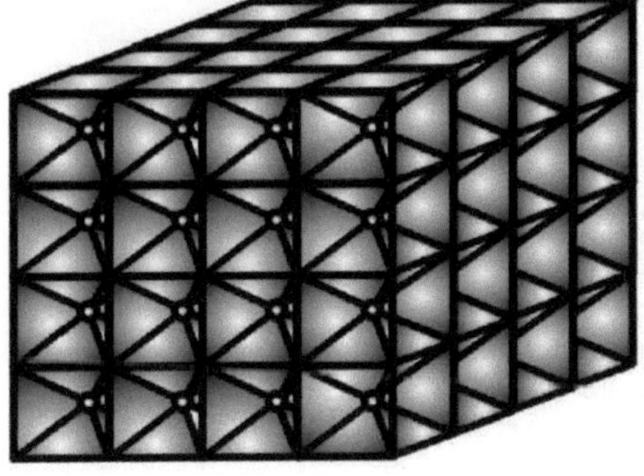

Das Universum expandierte
wieder proportional zur Menge
der eingestrahlten Ur-Plasma-
Energie-Teilchen, da diese zum
Bestandteil der würfelförmigen
Einheiten werden.

Entstehung der "4. Ordnung"

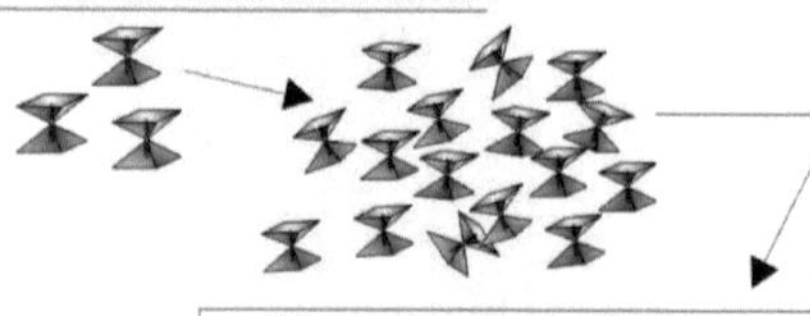

4. Einstrahlung von Ur-Plasma-
ENERGIE-Teilchen aus dem
Raum zwischen den Universen

Aufgrund der größeren Bindungskräfte,
die die neutralen Neutrinos gegenüber
den Ur-Plasma-Teolchen besaßen, verbanden sich diese zu der 4. Ordnung,
dem 1. System, das die Grundlage
allen Seins ist.
Durch diese Art der Bindung der
neutralen Neutrinos expandierte unser
Universumum das 6-fache.

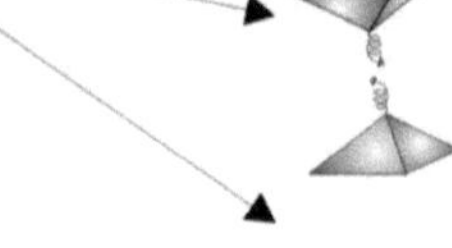

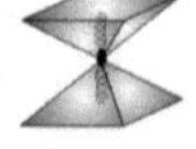

"Neutrales Neutrino"
"Ur-Teilchen der Materie und der Energie"

"4. Ordnung"

=

"1. SYSTEM"
- Grundlage
allen SEINS

Ebenfalls bei BoD-Norderstedt erschienen:

Mit "Das A-Omega-Projekt", dem ersten Teil von " Apokalypse Seele" hat der 1998 verstorbene Autor alle Grenzen, die das Denken des Menschen einschränken, überschritten. Da, wo andere aufgehört haben zu denken, weil nach den heute gültigen Theorien ein Weiter-denken nicht mehr möglich war, hat der Autor erst angefangen. Mit seinen Denkmodellen, eingebunden in eine "Einheitliche Theorie der gesamten Materie" einschließlich der Theorie der "Entstehung der Wesenheiten und Seelen bis hin zur Entstehung aller biologischen Systeme", stellt er ein Denkmodell zur Diskus-sion, das einmalig ist auf der Welt.

ISBN 978-3-7528-4319-4

Im 2. Buch "Apokalypse Seele - Enthüllung einer Wahrheit" schildere ich, wiederum komplett übernommen aus den Unterlagen, nur in meine Worte gekleidet, den Sinn und Zweck **ALLEN** Seins. Dies beginnt mit einer Behauptung, die mich in der tiefstenSeele getroffen hat. Genauso, wie es die Menschen treffen wird, die dies lesen.

ISBN 978-3-7494-7990-0

Atlantis - Was geschah vor 12.600 Jahren?
Das die Templer im Besitz des "Heiligen Grals"
gewesen sein sollen, darüber haben viele
Autoren seit Gründung des "Templer-Ordens" bis
in die Jetztzeit spekuliert.
Der Suche nach dem "Heiligen Gral" weihten
viele Menschen, die nur vermuten konnten, ihr
Leben.
Das was der "Heilige Gral" tatsächlich bedeutet,
war bis heute ebenso wenig bekannt, wie der
wahre Hintergrund der "Kreuzzüge".
Auch der Mythos des "Templer-Ordens" selbst,
welhe Aufgaben die Templer in Wirklichkeit
hatten und "wie und warum" sie zu ihrem
unermesslichen Reichtum kamen, war bis jetzt
ein Rätsel.
Die Geschichte der 5 "Ur-Templer" und das
Geheimnis der "Bundeslade".
Der französische Wissenschaftler und Forscher R.
Lhamoy stieß 1946 in der alten Templerburg
"GISOR" auf Unterlagen, die über eine Zivilisation
berichten, die vor 12.600 Jahren zerstört wurde
und uns heute unter Dem Namen "ATLANTIS"
bekannt ist.

ISBN 978-3-7528-4256-2

Der ganze Mensch ist mehr
als die Summe seiner Teile
+
Eine "Einheitliche Theorie
der gesamten Materie"
+
Die Entstehung
aller biologischen Systeme
=
Die Suche nach der Seele
Ist zu Ende

ISBN 978-3-7504-1433-4

Das Spezialistentum der Ärzte und Kliniken
besitzt eine Seite, die unser resonanz-
bedingtes Leben (= Karma) benötigt, damit
das Gesetz der Resonanz, das in der
Progression die geistige Evolution bewirkt,
gelebt wird.
In der Allgemein-Medizin, gleich ob
praktischer oder klinischer Arzt, sieht im
Grunde genommen die Situation
jedoch immer noch so aus, wie sie
VOLTAIRE vor vielen Jahren schon
beschrieben hat:

**Ärzte schütten Medikamente,
von denen sie wenig wissen,
zur Heilung von Krankheiten,
von denen sie noch weniger wissen,
In Menschen hinein,
von denen sie gar nichts wissen.**

Was ist die SEELE ?

Bis heute wird von der Wissenschaft die Seele,
da man sie, wenn überhaupt,
bis jetzt noch nicht materiell nachweisen konnte,
als etwas geistiges - Immaterielles angesehen.
Also als etwas, das der Mensch
mit seinem Verstand nicht erklären kann.
Dies entspricht nicht der Realität.
Die Seele ist ein materielles System,
aufgebaut aus Myon-Neutrinos.
Also ein Gerüst, das aus winzigen
nicht sichtbaren Teilchen besteht.
Innerhalb dieser Teilchen befindet sich
die sich selbst bewußte Wesenheit,
das "ICH BIN",
holografisch manifestiert als Bild.

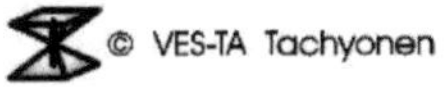